DIE STEREOSKOPIE

IM DIENSTE DER PHOTOMETRIE UND PYROMETRIE

VON

CARL PULFRICH

MIT 32 ABBILDUNGEN

BERLIN

VERLAG VON JULIUS SPRINGER

1923

ISBN-13:978-3-642-90279-6   e-ISBN-13:978-3-642-92136-0
DOI: 10.1007/978-3-642-92136-0

SONDERDRUCK
DER ABHANDLUNG „DIE STEREOSKOPIE
IM DIENSTE DER ISOCHROMEN UND
HETEROCHROMEN PHOTOMETRIE"
AUS „NATURWISSENSCHAFTEN", X. JAHRGANG 1922.
(COPYRIGHT BY JULIUS SPRINGER.)
SOFTCOVER REPRINT OF THE HARDCOVER 1ST EDITION 1922

Vorwort.

Der Plan, von meinem in den „Naturwissenschaften“ veröffentlichten Aufsatz „Die Stereoskopie im Dienste der isochromen und heterochromen Photometrie“ eine besondere Buchausgabe zu veranstalten, entsprang dem Wunsche, für den in dem Aufsatz behandelten Gegenstand einen größeren Leserkreis zu gewinnen, als durch alleinige Veröffentlichung in einer Wochenschrift möglich ist. Dieser Wunsch war nicht nur bei dem Herrn Verleger und mir vorhanden, er ist mir auch von anderer Seite mehrfach entgegengebracht worden, handelt es sich doch um Erscheinungen, Methoden und Apparate, die bisher überhaupt noch nicht bekannt und erörtert waren, und um ein Arbeitsgebiet, auf dem noch lange nicht alle Fragen, die den Physiker, den Physiologen und den Psychologen angehen, geklärt sind. Aus dem Grunde habe ich auch auf meine anfängliche Absicht, der Schrift den Titel „Die Stereoskopie bewegter Gegenstände“ zu geben, verzichtet und einen etwas weniger anspruchsvollen Titel gewählt, der aber den Vorteil hat, daß er den Umfang der praktischen Verwertbarkeit der neuen Methode sofort zu erkennen gibt.

Der Inhalt der Schrift ist aus der nachstehenden Zusammenstellung der Überschriften der einzelnen Abschnitte zu ersehen; die Schrift selbst ist eine fast unveränderte Wiedergabe des oben erwähnten Aufsatzes. Neu hinzugekommen sind nur zwei Anmerkungen, die eine auf Seite 19, die andere auf Seite 24, die sich beide auf eine von Herrn Prof. Fröhlich-Bonn vor kurzem veröffentlichte Methode beziehen, welche den absoluten Betrag der zwischen einem Lichtreiz und seiner Empfindung verfließenden Zeit zu bestimmen gestattet. Die Größe dieses Zeitunterschiedes ist für unsere Stereomethode nur von einer untergeordneten Bedeutung. Denn die Stereomethode ist eine Differenzmethode, welche den Unterschied zwischen den Empfindungszeiten im linken und rechten Auge des Beobachters, aber auch nur diesen, im stereoskopischen Anblick des bewegten Körpers zu messen gestattet. Immerhin ist es interessant, zu sehen, daß die von Herrn Fröhlich auf einem ganz anderen Wege gefundenen Werte in ihrer Abhängigkeit von der Stärke des Lichtreizes mit den von mir direkt gefundenen Zahlenwerten nach Größe und Vorzeichen übereinstimmen.

Jena, im November 1922.

Carl Pulfrich.

Inhaltsverzeichnis.

Seite

Rückblick auf die Entwicklung des Stereoskops zum stereoskopischen Meßinstrument 1

Erster Teil.

Die Grundlagen der neuen Methode.

 1. Ein gelegentlich beobachteter Stereoeffekt als Wegweiser in das neue
    Arbeitsgebiet 6
 2. Demonstration des in Frage stehenden Stereoeffektes 9
 3. Die nähere Erklärung des Stereoeffektes 12
 4. Der Weg, den die kreisende Marke m auf ihrem Umlauf um n zurücklegt 14
 5. Ermittlung des Zeitunterschiedes der beiden Empfindungen 19
 6. Einige mehr oder weniger bekannte Erscheinungen und Versuche, die
    die Abhängigkeit der Zeitdifferenz zwischen Lichtreiz und Empfindung
    von der Stärke des Lichtreizes dartun 23
 7. Den Vorgängen im beidäugigen Sehen analoge Vorgänge bei Ton-
    empfindungen im beidöhrigen Hören 25
 8. Die zu einer Gesichtswahrnehmung nötige Zeit und die Art des An-
    stieges der Lichtempfindung 28
 9. Das Ausklingen des positiven Nachbildes eines nur kurze Zeit an-
    dauernden Lichtreizes 31
10. Die bisherigen Schwierigkeiten beim Vergleich der Helligkeiten zweier
    Farben 34
11. Die Zeitdifferenz der beiden Empfindungen bildet den Anhalt für den
    Vergleich und die Messung heterochromer Helligkeiten 37
12. Steigerung der Meßgenauigkeit durch eine etwas andere Anordnung
    der kreisenden Marke 39
13. Auswahl geeigneter Beobachter 41

Zweiter Teil.

Anwendungen der neuen Methode.

14. Apparate für spektral unzerlegtes Licht, bei denen die Projektionsbilder
    der Marken oder diese selbst beidäugig betrachtet werden 44
15. Anwendung von Doppelfernrohren und Ersatz der Marken durch die
    stereoskopischen Halbbildmarken 48
16. Die Anpassung der Okulare an den Augenabstand des Beobachters . 51
17. Die beim Doppelfernrohr zur Messung der Helligkeiten dienende Vor-
    richtung, erläutert an einem Stereophotometer, das für den Vergleich
    zweier Lichtquellen bestimmt ist 52
18. Einige weitere Photometerkonstruktionen für Helligkeitsmessungen im
    spektral unzerlegten Licht 54
19. Abhängigkeit der Messungsresultate an Farbfiltern von der zur Be-
    leuchtung der Objekte dienenden sog. weißen Lichtquelle 59
20. Das Stereophotometer im Dienste der Pyrometrie 61
21. Apparat zur Bestimmung derjenigen Stelle im Spektrum einer Licht-
    quelle, welche das Spektrum in zwei physiologisch gleich helle Teile zerlegt.
    2. Apparat zum Halbieren eines Spektrums 63
22. Das Stereospektralphotometer 68
23. Die Regulierung der Beleuchtung 73
24. Verlauf der Erscheinung beim Vergleich einer Farbe mit den übrigen
    Teilen des Spektrums einer Petroleumlampe 74
25. Was tritt ein, wenn man mit dem einen Auge die Grenzen des sicht-
    baren Spektrums überschreitet? 77
26. Messung der Helligkeit in den einzelnen Spektralbezirken als Bruch-
    teil des Helligkeitsmaximums als Einheit 79
27. Reduktion der gemessenen Helligkeitskurve auf das Normalspektrum. 83
28. Ermittlung der Empfindlichkeitskurve des Auges 84
29. Helligkeitsmessungen im diskontinuierlichen Spektrum 88

Schlußbemerkungen 91

Der Gegenstand [1]), mit dem wir uns im folgenden zu beschäftigen
haben, bedeutet eine neue Nutzanwendung der messenden Stereoskopie, die ganz abseits liegt von allen bisherigen Anwendungen derselben, die aber ursächlich damit zusammenhängt, so daß es angebracht
erscheint, zunächst einmal einen kurzen Rückblick auf die Arbeiten
der letzten 25 Jahre zu werfen, während welcher Zeit sich die Entwicklung des Stereoskops zum stereoskopischen Meßinstrument voll-
zogen hat.

Rückblick auf die Entwicklung des Stereoskops zum stereoskopischen Meßinstrument.

Bis gegen Ende des vorigen Jahrhunderts war das Stereoskop
einschließlich aller Doppelfernrohre nichts mehr und nichts weniger
als ein Schauapparat für das beidäugige Betrachten von Gegenständen
und Stereoskopbildern, und das sind diese Apparate größtenteils
auch jetzt noch. Aber noch vor Beendigung des vorigen Jahrhunderts
setzten bereits die Bestrebungen ein, aus dem Stereoskop ein Meßinstrument zu machen zur Ermittlung nicht nur der Entfernung
der im Stereoskop geschauten Gegenstände, sondern auch zur Ausmessung dieser Gegenstände nach ihren körperlichen Dimensionen:
Breite, Höhe und Tiefe. Den stereoskopischen Entfernungsmesser der Firma Carl Zeiß habe ich zuerst im Jahre 1899 auf der
Naturforscherversammlung in München und zwei Jahre später auf
der Naturforscherversammlung in Hamburg den Stereokomparator
vorgeführt. Der Entfernungsmesser ist ein Doppelfernrohr mit erweitertem Objektivabstand zur direkten Betrachtung der Natur,
der Stereokomparator ein Stereomikroskop zur Betrachtung von
photographischen Platten, die an den Enden einer Standlinie aufgenommen sind, deren Länge sich jedesmal nach der Entfernung des
zu messenden Gegenstandes und der verlangten Genauigkeit der
Messung richtet. In beiden Fällen beruht das Meßverfahren auf der
Anwendung von künstlichen Marken, die, in die Okulare des Be-

---

[1]) Im Auszug vorgetragen auf dem Physikertag in Jena am 21. Sept.
1921.

trachtungsapparates eingesetzt, den Eindruck hervorrufen, als wären
die durch sie erzeugten Raumbilder der Marken ein Bestandteil des
im Stereoskop geschauten Raumbildes, nur mit dem Unterschied,
daß man durch relative Bewegung der Markenhalbbilder zueinander
und zu den optischen Teilen des Betrachtungsapparates diesen Bestandteil nach Belieben in dem Raumbild herumführen und die Gegenstände,
die man ausmessen will, auf diese Weise an ihrer Oberfläche abtasten
kann.

Die Hoffnungen, die damals in dieses Verfahren und die Betätigung
der genannten Instrumente gesetzt worden sind, sind in überreichem

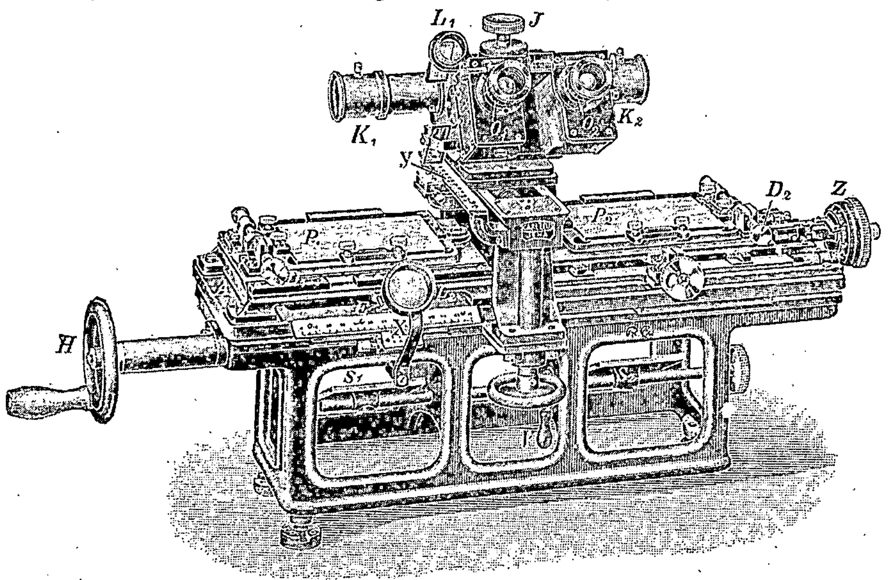

Abb. 1. Stereokomparator, Modell E. Plattenformat 13×18, für die punktweise
topographische Geländevermessung.

Maße in Erfüllung gegangen. Von den in erster Linie für militärische
Zwecke bestimmten stereoskopischen Entfernungsmessern hat
Exzellenz Scheer in einem am 3. Juni vorigen Jahres in Jena gehaltenen öffentlichen Vortrage rühmend hervorgehoben, welche großen
Dienste diese Instrumente seiner Flotte im Kampfe geleistet hätten.
Mit den stereoskopischen Entfernungsmessern sei man imstande gewesen, nicht allein die Entfernung (16—18 km) der Maste, sondern
auch den Ort des Mündungsfeuers und sogar den Ort der Rauchsäulen
und Rauchwolken auf dem Meere zu bestimmen.

Für den Stereokomparator (Abb. 1) kommen andere Anwendungs-
gebiete in Frage. Die Hauptanwendungsgebiete sind Astronomie

und Topographie. Auf den Sternwarten, die sich mit photographischen Himmelsaufnahmen beschäftigen, ist der Stereokomparator, sei es in Verbindung mit dem Stereomikroskop oder dem später hinzugefügten Blinkmikroskop, ein geradezu unentbehrliches Hilfsmittel der Forschung geworden. Alles im Sinne einer wesentlichen Verkürzung der Arbeitszeit und einer nicht unerheblichen Steigerung der Meßgenauigkeit. In der Topographie ist es nicht anders gewesen. Die alte, um die Mitte des vorigen Jahrhunderts begründete Photogrammetrie konnte nicht leben und nicht sterben. Von ihr hat einmal ein österreichischer Fachmann gesagt, daß über sie mehr Bücher geschrieben als Pläne mit ihr angefertigt seien. Mit der Stereophotogrammetrie war das gleich anders. Sie ist noch eine junge Wissenschaft. Als der Krieg ausbrach, war sie kaum mehr als zehn Jahre alt. Aber sie hat längst ihre Kinderschuhe ausgezogen und ihre Existenzberechtigung im Vermessungswesen und ihre hohe Leistungsfähigkeit durch zahlreiche Arbeiten für die Zwecke der Landesaufnahme und für Ingenieuraufgaben im Frieden und im Kriege bewiesen. Aufgaben wie die Vermessung der Meereswellen und die Ermittlung der Flugbahn eines Geschosses z. B. können überhaupt nur mit Hilfe der Stereophotogrammetrie gelöst werden.

Zu dem Stereokomparator hat sich der Stereoautograph (Abb. 2) gesellt, im wesentlichen ein automatischer Schichtenlinienzeichner, durch den die Stereophotogrammetrie eine ganz gewaltige Steigerung ihrer Leistungsfähigkeit erfahren hat. Bei diesem Apparat sind die einzelnen Glieder der Gleichungen, welche die Brennweite der Aufnahmekammer, die Bildpunktkoordinaten der linken Platte und die horizontale Bilddifferenz der beiden Platten, die sogenannte Parallaxe, mit den zu messenden Raumkoordinaten des Punktes im Objektraum verbinden, durch starre Lineale verwirklicht, die ein automatisches Übertragen der im Stereokomparator eingestellten Punkte auf das Zeichenblatt ermöglichen. Das automatische Aufzeichnen einer Schichtlinie geschieht in der Weise, daß man das Höhenlineal auf eine bestimmte Höhe im Objektraum einstellt und dann durch Verschiebung des Plattenpaares zur Seite und durch Veränderung des Abstandes der beiden Platten voneinander die sogenannte „wandernde Marke" im Stereokomparator so an dem Raumbild der Landschaft entlangführt, daß die Marke immer in Berührung mit der Oberfläche des Raumbildes verbleibt. Durch fortgesetzte Wiederholung dieses Vorgangs für Höhen mit einem beliebig gewählten konstanten Höhenunterschied entsteht dann der sogenannte Schichtlinienplan, der sich von den nach den bisherigen Methoden hergestellten Schichtenplänen vorteilhaft dadurch unterscheidet, daß, abgesehen von der schnelleren Herstellung, das Aufzeichnen jeder einzelnen Schichtlinie vollkommen unabhängig von den vorher gezeichneten erfolgt. Apparate dieser Art sind bereits in größerer Anzahl im In- und Auslande für die Zwecke der Landesaufnahme und für Ingenieuraufgaben — Eisenbahnbauvorarbeiten, Talsperranlagen, Kanalanlagen, Tagebaue und dergleichen — mit bestem Erfolg im Gebrauch. Die Verwertung der Apparate für die vorgenannten Aufgaben des Ingenieurfaches bleibt der mit Luftbild G. m. b. H. München verbundenen Stereographik-Gesellschaft und deren im Ausland tätigen Zweiggesellschaften vorbehalten.

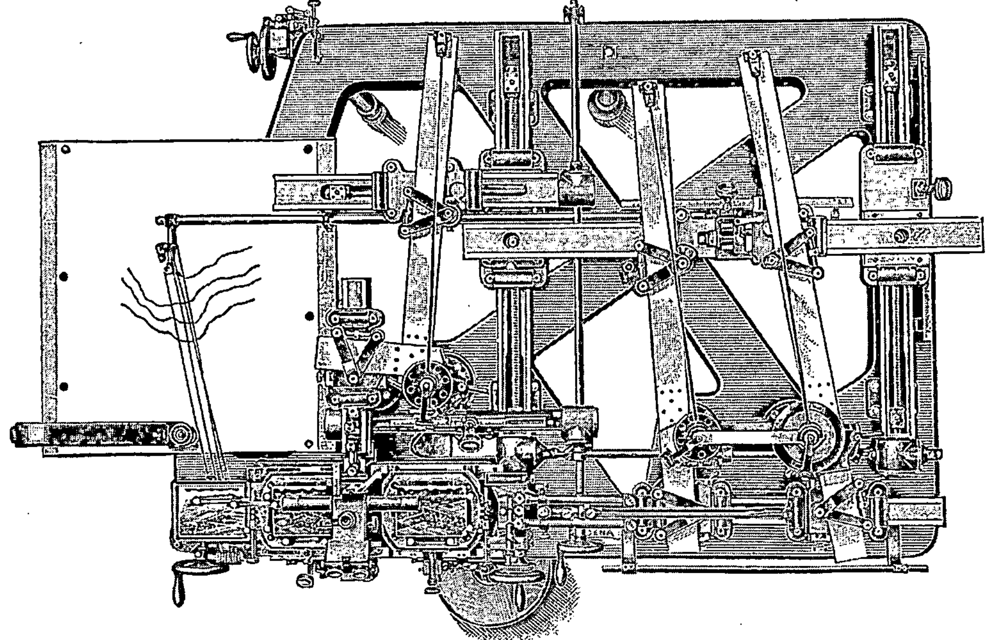

Abb. 2. Stereoautograph, Modell 1914. Für die automatische Herstellung von topographischen Plänen mit Schichtlinien.

Es ist ferner schon lange das Bestreben gewesen, die Aufnahmen aus dem Flugzeug für Vermessungszwecke dienstbar zu machen. Das Endziel dieser Bemühungen ist auch hier, daß man imstande ist, aus der Luft ebenso stereophotogrammetrisch und stereoautomatisch zu arbeiten, wie das bisher mit dem Stereokomparator und dem Stereoautographen vom festen Erdboden aus möglich gewesen ist. An der Lösung dieser Aufgabe ist besonders in den letzten 3 Jahren von verschiedenen Seiten mit größter Energie gearbeitet worden, und die beiden Apparate, der Stereoplanigraph der Firma Carl Zeiß und der Autokartograph des Herrn Hugershoff-Heyde legen Zeugnis dafür ab, daß auch dieses Ziel nunmehr als erreicht angesehen werden kann. Beide Apparate stehen unter der Voraussetzung, daß in dem vom Flugzeug aufgenommenen Bild einige wenige Punkte — mindestens drei — durch trigonometrische Messung von der Erde aus als gegeben anzusehen sind. Die Kenntnis dieser Punkte genügt dann, um daraus in kürzester Zeit, in einigen wenigen Stunden, den genauen Ort der Aufnahme, die Orientierung der Kammer und die Lage und Größe der Standlinie mit einer für die Messung ausreichenden Genauigkeit abzuleiten.

Ich muß es mir leider versagen, auf diese Dinge und auf die mannigfaltigen sonstigen Anwendungen des stereoskopischen Meßverfahrens näher einzugehen. Ich verlasse damit ein Arbeitsgebiet, dem ich einen großen Teil meiner Lebensarbeit gewidmet habe, und wende mich nunmehr der in der Überschrift dieses Aufsatzes bezeichneten Aufgabe zu, die darauf hinausläuft, das stereoskopische Meßverfahren in den Dienst der Photometrie und der Pyrometrie zu stellen. Wir werden sehen, daß zwischen der Stereoskopie und der Photometrie ein sehr inniger, bisher allerdings völlig unbeachtet gebliebener Zusammenhang besteht, der die Beachtung nicht nur des Physikers, sondern auch des Physiologen und selbst des Psychologen verdient und besonders für die Zwecke der heterochromen Photometrie von der allergrößten praktischen Bedeutung ist.

Erster Teil.

Die Grundlagen der neuen Methode.

1. Ein gelegentlich beobachteter Stereoeffekt als Wegweiser in das neue Arbeitsgebiet.

Die Erscheinungen, um die es sich hier handelt, sind zuerst am Stereokomparator und am Stereoautographen als gelegentlich auftretende Störungen in der Einstellung der Meßmarke zu dem auszumessenden Raumbild beobachtet worden. Hier wie auch sonst ist es mit solchen Störungen ein eigen Ding. Man muß ihnen, so unangenehm sie auch im Augenblick empfunden werden, dankbar sein. Denn, wenn man ihnen nachgeht, sie gleichsam in Reinkultur züchtet, so erweisen sie sich in der Regel, wie im vorliegenden Falle, als Wegweiser zu einem neuen Arbeitsgebiet bzw. zu einer neuen Arbeitsmethode.

Ich habe diese Störungen niemals selbst beobachten können, denn ich bin seit 16 Jahren auf dem linken Auge infolge einer in der Jugend erlittenen blutigen Verletzung des Auges blind. Ich habe von diesen Störungen erst gehört, als Herr Prof. Max Wolf vom Königstuhl in Heidelberg im Jahre 1920 eine Arbeit über 1053 mit dem Stereokomparator gemessene Sterne mit Eigenbewegung veröffentlichte [1]. In dieser Arbeit erwähnt Herr Wolf einen merkwürdigen Stereoeffekt, der ihm bei der Durchmusterung der Plattenpaare zuweilen störend entgegengetreten ist, und der darin bestand, daß ein Stern, dessen Raumbild er vorher in die gleiche scheinbare Entfernung mit dem Raumbild der Meßmarke gebracht hatte, bei schneller Bewegung des Plattenpaares deutlich hinter oder vor die Marke trat.

Wie ich später erfahren habe, sind ähnliche Erscheinungen schon in früheren Jahren von verschiedenen Beobachtern, die beruflich am Stereoautographen gearbeitet haben, so z. B. von den Herren v. Orel, E. Wolf, Lemberger, Tiller, v. Gruber u. a., beobachtet worden. War in solchen, auch nur vereinzelt vorkommenden Fällen die Marke

---

[1] Veröffentlichungen der Badischen Sternwarte zu Heidelberg, Bd. 7, Nr. 10, S. 29.

vorher in aller Ruhe auf einen bestimmten Punkt der Landschaft eingestellt, so machte die Marke beim schnellen Hin- und Herbewegen des Plattenpaares eine Art kreisende Bewegung um den Objektpunkt herum. Man hat sich dabei immer mit der Annahme beruhigt, es seien zufällig die Verbände zwischen den beiden Platten etwas locker geworden.

Zur Zeit, als Herr Max Wolf seine oben erwähnte Arbeit veröffentlichte, haben die am Stereoautographen mit der Ausarbeitung der Pläne für die Saaltalsperre beschäftigten Beamten der Firma Carl Zeiß, Herr Ingenieur J. Franke und Herr Studienassessor F. Fertsch, sich die Erforschung dieser auch von ihnen beobachteten Störungen angelegen sein lassen. Die beiden Herren wurden zuerst auf diese Störungen aufmerksam durch die Beobachtung, daß dieselbe Schichtlinie, wenn sie einmal in der einen und dann in der entgegengesetzten Richtung gezogen wurde, an verschiedenen Stellen lag, so daß man nicht wußte, welche der beiden Linien die richtige war. Der Lagenunterschied wuchs hierbei mit der Geschwindigkeit der Bewegung des Plattenpaares. Natürlich war das nicht immer so. In den meisten Fällen fielen die beiden Linien selbst bei schnellster Bewegung des Plattenpaares in eine zusammen, und es galt dies mit Recht als Prüfstein und Beweis für die hohe Präzision und Leistungsfähigkeit des Autographen.

Als Ergebnis ihrer Untersuchung haben die beiden vorgenannten Herren festgestellt, daß zur Erklärung der Störungen in keiner Weise eine Abstandsänderung der beiden Platten während der Verschiebung verantwortlich gemacht werden darf, sondern daß hierfür einzig und allein der Unterschied der Helligkeiten links und rechts maßgebend ist. So konnten Platten, welche die Erscheinung nicht zeigten, sofort durch eine ungleiche Beleuchtung der beiden Platten dahin gebracht werden, und ebenso war man bei Platten, die die Störung zu erkennen gaben, imstande, sie durch einen entsprechenden Ausgleich der Beleuchtung zum Verschwinden zu bringen.

Jetzt erklärt es sich auch, weshalb die Störung nur in Ausnahmefällen beobachtet wurde. Wie der Helligkeitsunterschied in jedem einzelnen Falle zustande gekommen, läßt sich natürlich jetzt nicht mehr sagen. Es können die Lampen ungleich hell gewesen sein, oder sie hingen nicht gleichmäßig vor den Objektivöffnungen des Stereomikroskops, oder der Okularabstand war nicht vollkommen dem Augenabstand des Beobachters angepaßt, so daß eine teilweise Abblendung einer der beiden Austrittspupillen des Stereomikroskops durch das Auge des Beobachters eintrat, oder endlich die Platten waren an sich verschieden durchsichtig, so z. B. dann, wenn bei stereophotogrammetrischen Aufnahmen auf dem einen der beiden Bilder der Schatten einer Wolke lag. Auch kann die Störung durch von oben auf eine der Platten auffallendes Sonnen- oder Tageslicht hervorgerufen werden.

Jedenfalls wissen wir jetzt, wie die Störung zustande kommt, und jeder am Stereokomparator oder am Stereoautographen arbeitende Beobachter tut gut, diesen Dingen in Zukunft seine besondere Aufmerksamkeit zuzuwenden. Er braucht nur vor Beginn der Messung die Marke auf irgendeinen Punkt der Landschaft oder auf einen Stern einzustellen und dann das Plattenpaar hin und her zu verschieben, so sieht er gleich, ob die Helligkeiten links und rechts gleich oder verschieden sind. Im ersten Falle geht die Marke in der gleichen scheinbaren Entfernung mit dem Objektpunkt geradlinig hin und her, im anderen Falle kreist sie um den Objektpunkt herum, und zwar von oben gesehen rechts herum, wie die Kaffeemühle, wenn das rechte Auge die größere Helligkeit erhält, und links herum, wenn die größere Helligkeit auf dem linken Auge liegt. Auch während des Ziehens einer Schichtlinie kann man eine solche Prüfung leicht in der Weise vornehmen, daß man in der Bewegung des Plattenpaares plötzlich einen Stillstand eintreten läßt und zusieht, wo die Marke dann steht. Waren die Helligkeiten gleich, so bleibt die an der Oberfläche entlang geführte Marke in Berührung mit ihr, im anderen Falle liegt sie davor oder dahinter.

So ist die anfänglich als unbequeme Störung empfundene Erscheinung der „kreisenden Marke" nicht mehr als Störung, sondern als ein sehr nützlicher Indikator für das Vorhandensein eines Helligkeitsunterschiedes und als Aufforderung für den Beobachter anzusehen, diesen Helligkeitsunterschied entweder zum Verschwinden zu bringen — am einfachsten durch Dämpfung der helleren Lampe durch einen oder mehrere Bogen Pauspapier — oder, wenn das nicht sofort tunlich ist, dem Einfluß des Helligkeitsunterschiedes auf die Messung durch eine entsprechend verlangsamte Bewegung des Plattenpaares aus dem Wege zu gehen.

Herr Fertsch, der sich um die Klarstellung dieser Dinge am meisten verdient gemacht hat, hat dann noch, als er mir das Ergebnis der Untersuchung mitteilte, darauf hingewiesen, daß sich alle diese Erscheinungen wohl dadurch erklären lassen, daß man annimmt, daß die Bewegung der Marke auf dem helleren Bilde früher empfunden werde als die Bewegung der Marke auf dem weniger hellen Bilde.

Ich habe, wie gesagt, den beschriebenen Stereoeffekt niemals selbst beobachten können, auch am Stereoautographen nie selbst gearbeitet. Wohl aber reizte es mich, die Erscheinung weiter zu verfolgen und mir

Rechenschaft darüber zu geben, welchen Gesetzen sie folgt. Vor allem
aber sagte ich mir, daß die Erscheinung der kreisenden Marke — eine
genügend große Empfindlichkeit vorausgesetzt — sich vielleicht als
ein neues, äußerst willkommenes Hilfsmittel für die Aufgaben der
heterochromen Photometrie verwerten lasse. Diese Vermutung
hat sich in der Tat weit mehr, als ich erwartet hatte, bestätigt.

Über die erhaltenen Resultate werde ich im folgenden berichten.
Bei den hierbei vorkommenden stereoskopischen Versuchen war ich
natürlich, wie bei allen meinen Stereoarbeiten seit 1906, ausschließlich
auf meine Überlegungen und, soweit es sich um eine experimentelle
Bestätigung dieser Überlegungen handelte, auf die Hilfe anderer, gut
stereoskopisch sehender Beobachter angewiesen.

2. Demonstration des in Frage stehenden Stereoeffektes.

Die vorbeschriebenen Erscheinungen lassen sich in folgender Weise
leicht einem größeren Kreis von Personen sichtbar machen, wobei nur
vorausgesetzt wird, daß jeder Beobachter vorher in den Besitz eines
Rauchglases oder irgendeiner anderen Vorrichtung gesetzt wird, die
ihn in den Stand setzt, die Verdunkelung des einen oder des anderen
Auges vorzunehmen. Personen, die aus irgendeinem Grunde nicht
stereoskopisch sehen können, müssen natürlich auf die Wahrnehmung
des Effektes verzichten.

Wir projizieren auf den weißen Schirm das Schattenbild von zwei
übereinander stehenden vertikalen Marken, von denen die eine ihren
Ort unverändert beibehält, während die andere immer in der gleichen
Richtung an der feststehenden vorbeigeführt wird. Die hierzu dienende
in den Projektionsapparat einzusetzende Anordnung ist aus Abb. 3
zu ersehen. Sie besteht aus einer drehbaren Scheibe mit einer Reihe
von daran befestigten Marken. Im allgemeinen wird jeder Beobachter
im freien Anblick noch nichts von dem in Frage stehenden Stereoeffekt wahrnehmen. Sobald aber das Rauchglas vor das eine oder
das andere Auge gehalten wird, tritt der Effekt sofort in größter Deutlichkeit in die Erscheinung. Dreht man die Scheibe so, daß sich auf dem
Schirm die Marken von links nach rechts bewegen, so gehen die Marken,
wenn das Rauchglas vor das linke Auge gehalten wird, hinter der
feststehenden vorbei. Dreht man in umgekehrter Richtung, so gehen
die Marken vorn vorbei. Steigere ich die Geschwindigkeit, so wird
der Effekt immer größer. Halte ich plötzlich an, so erscheinen die
Marken wieder in der gleichen Entfernung mit der feststehenden.

Wir können die dunklen Marken auf hellem Grunde auch durch
helle Marken auf dunklem Grunde ersetzen, und zwar dadurch, daß
wir die Scheibe mit den Marken zum Auswechseln gegen eine Scheibe

mit Löchern oder gegen eine andere Scheibe mit radialen Schlitzen am Rande einrichten. Der Effekt bleibt der gleiche. Die Anordnung eignet sich besonders zum Studium der hinter den Marken herlaufenden Nachbilder aber weniger für die eigentlichen photometrischen Messungen.

Um das Kreisen der Marke zu zeigen, benutzen wir eine ebenfalls in den Projektionsapparat einzusetzende Vorrichtung, wie sie in Abb. 4 wiedergegeben ist. Setzen wir durch Drehen an der Kurbel den Apparat in Bewegung, so sieht man die bewegte Marke geradlinig hin und her gehen. Wird jetzt wieder das Rauchglas vor das eine

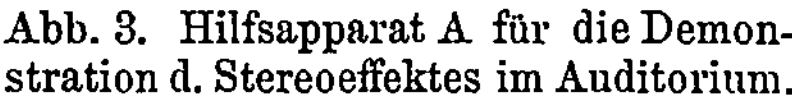
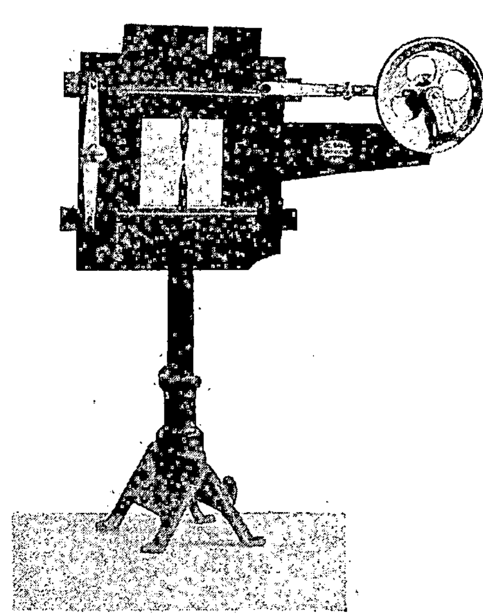

Abb. 3. Hilfsapparat A für die Demonstration d. Stereoeffektes im Auditorium.

Abb. 4. Hilfsapparat B für die Demonstration der kreisenden Marke.

oder das andere Auge gehalten, so macht sich das Kreisen der Marke um die feststehende herum sofort bemerkbar. Der Sinn der Bewegung ist immer so, wie ich oben angegeben hatte: von oben gesehen rechts herum, wenn das rechte Auge, und links herum, wenn das linke Auge die größere Helligkeit erhält. Läßt man auch hier die Marke langsam hin und her gehen, so wird man, auch wenn man das Rauchglas vor ein Auge hält, kaum noch ein Kreisen der Marke wahrnehmen.

Auch hier können wir die dunklen Marken auf hellem Grunde durch helle auf dunklem Grunde ersetzen. Wir haben zu dem Ende, wie aus Abb. 4 ersichtlich, an dem Träger der hin und her gehenden Marke eine vorschlagbare Klappe mit einem Fenster und an dem Träger der feststehenden Marke eine vorschlagbare Klappe mit einem ebensolchen Fenster angebracht. Wir brauchen also nur die Klappen umzulegen, um von dunklen zu hellen Marken überzugehen [1]).

Wie ich bereits oben erwähnte, kann man zur Verdunkelung des Auges auch jede andere hierfür geeignete Vorrichtung benutzen, so z. B. einen Schleier oder ein Stück schwarzes Papier mit einem Loch darin von etwa 2—3 mm Durchmesser, welches die Pupille einengt. Auch kann man das Kreisen der Marke in der Weise sehen, daß man ein Auge halb zukneift oder mit einem Auge zwischen zwei Fingern hindurchschaut.

Selbstverständlich kann zur Verdunkelung des Auges auch jedes beliebige Farbglas benutzt werden, da ja die Farbwirkung dieser Gläser ausschließlich darauf beruht, daß ein Teil des auf-fallenden weißen Lichtes darin zurückgehalten wird. Auf das Verhalten der verschiedenen Farben zur kreisenden Marke komme ich weiter unten näher zurück.

Endlich sei noch darauf hingewiesen, daß man das „Kreisen der Marke" auch ohne Projektionsapparat demonstrieren kann. Wir brauchen nur einen Bleistift oder einen Stock in vertikaler Lage vor einem hellen Hintergrund hin und her zu bewegen. Im Zimmer und am Tage finde ich folgende Anordnung empfehlenswert. Man befestigt an einer gegen den hellen Himmel gerichteten Fenster-scheibe mit etwas Wachs einen Bleistift in vertikaler Lage, hält da-runter ebenfalls in vertikaler Lage einen zweiten Bleistift und bewegt ihn auf der Scheibe hin und her. Im freien Handgebrauch gerät man leicht mit der Hand in eine kreisende Bewegung, was durch das Auflegen des Stiftes auf die Scheibe vermieden wird. Abends kann man ein auf den Tisch gelegtes und von der Tischlampe beleuchtetes Blatt weißes Papier als Hintergrund für die beiden Bleistifte ver-wenden.

Wenn man bedenkt, mit welch einfachen Mitteln die Erscheinung der kreisenden Marke hervorgerufen werden kann, so kann man sich nur darüber wundern, daß sie anscheinend nicht schon früher einmal beobachtet worden ist, wozu doch jeder Uhrenladen die Gelegenheit

---

[1]) Der in Abb. 4 wiedergegebene Apparat ist noch mit einigen weiteren Einrichtungen versehen, über deren Verwendung weiter unten (unter 12) nähere Angaben erfolgen werden. So können wir 1. die Länge der Kurbel-stange verändern und damit den Mittelpunkt der kreisenden Marke zur Seite verlegen und 2. durch Einschalten eines Hebels die bisher als fest-stehend bezeichnete Marke an der Bewegung in entgegengesetzter Richtung teilnehmen lassen.

bietet. Der Fall zeigt wieder einmal, wie wenig im allgemeinen beim Kulturmenschen die Gabe der reinen, durch keine Überlegung und Erfahrung beeinflußten Beobachtung entwickelt ist. Gibt es doch, wie sich jetzt herausgestellt hat, Personen, die auch im freien Sehen das Kreisen der Marke sehen, links oder rechts herum, je nachdem bei dem betreffenden Beobachter das linke oder das rechte Auge schneller reagiert als das andere. In solchen für den Augenarzt besonders beachtenswerten Fällen konnte jedesmal eine mehr oder weniger große, durch einseitigen Gebrauch oder andere Ursachen erworbene Ungleichheit der beiden Augen nachgewiesen werden.

3. Die nähere Erklärung des Stereoeffektes.

Es sei SS in Abb. 5 der Projektionsschirm, es seien ferner A_1 und A_2 die auf die feststehende Marke n gerichteten Augen des Beobachters und m die hin und her gehende Marke. Wie bei allen Nervenreizungen, vergeht auch hier zwischen dem Moment der Erregung der Netzhaut durch einen Lichtreiz und dem seiner Empfindung eine gewisse Zeit. Es ist also ganz natürlich, daß wir einen bewegten Gegenstand niemals an seiner wahren Stelle sehen, sondern dort, wo er um die Zeitdifferenz zwischen Erregung und Empfindung vorher gewesen ist, und ferner, daß diese Ortsverschiebung um so größer ist, je größer die Geschwindigkeit des bewegten

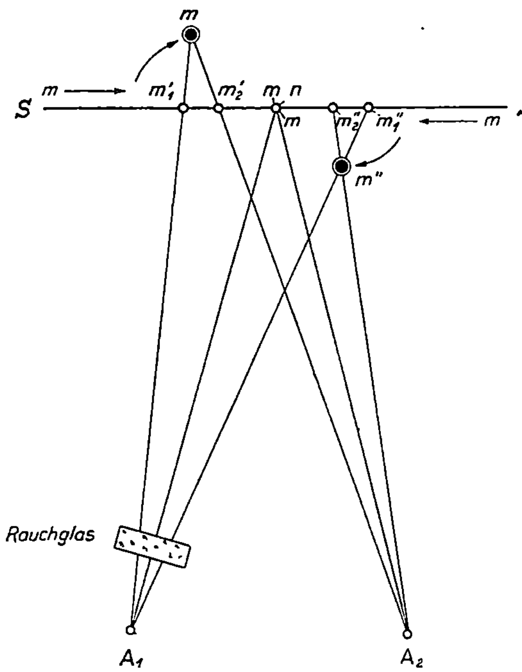

Abb. 5. Wie das Kreisen der Marke zustande kommt.

Körpers ist. In dem Augenblick also, in dem die bewegte Marke m von links kommend an der feststehenden Marke n vorbeigeht, sehen beide Augen, sofern der Zeitverlust für beide Augen gleich groß ist, die Marke m

an einer mehr oder weniger links gelegenen Stelle, beispielsweise in m'_2. Dieses Zurückbleiben des scheinbaren Ortes hinter dem wahren Orte von m werden wir, da die Geradlinigkeit der Bewegung erhalten bleibt, natürlich nicht gewahr. Sobald wir aber ein Auge, z. B. in Abb. 5 das linke Auge, durch ein Rauchglas verdunkeln, so wird jetzt unter der obigen Annahme, daß die Zeitdifferenz zwischen Erregung und Empfindung infolge der Verdunkelung größer wird, das linke Auge die bei n befindliche Marke m nicht mehr in m'_2, wie dies das rechte Auge tut, sondern in dem noch weiter links gelegenen Punkt m'_1 sehen. Für den stereoskopischen Anblick resultiert hieraus also ein Raumbild m', das nicht mehr in der gleichen Entfernung mit n, sondern mehr oder weniger dahinter gesehen wird. Die aus der Helligkeitsdifferenz der beiden Augen hervorgegangene Zeitdifferenz der beiden Empfindungen hat sich in eine Raumdifferenz, den beobachteten Tiefenunterschied von m und n umgewandelt, gewissermaßen eine Bestätigung des Ausspruches, den Richard Wagner im Parsival dem Gralsritter Gurnemanz in den Mund legt: „Du siehst, mein Sohn, zum Raum wird hier die Zeit."

Kommt die Marke m aus ihrer Extremlage rechts bei n an, so liegen ihre beiden scheinbaren Orte m''_1 und m''_2 rechts von n und wieder für das linke Auge weiter fort von n als für das rechte Auge. Das Raumbild m'' erscheint also jetzt vor n. In den Umkehrlagen links und rechts wird die Marke m jedesmal sehr nahe an ihrer wahren Stelle gesehen, so daß eine Art kreisende Bewegung entsteht, deren Tiefenausdehnung mit de · Helligkeitsdifferenz der beiden Lichteindrücke und der Geschwindigkeit des bewegten Körpers immer mehr zunimmt.

Wir hatten gesehen, daß es für den Verlauf der Erscheinung keinen Unterschied macht, ob die Marken dunkel auf hellem Grund oder hell auf dunklem Grund sind. Und doch besteht zwischen beiden Vorgängen ein Unterschied, der der Beachtung wert ist: Denn bei der Verschiebung e ner hellen Marke findet jedesmal an der Stelle der Netzhaut, wo die helle Marke vorüberzieht, zuerst ein Lichtreiz statt, dem dann nach kurzer Dauer ein Erlöschen des Lichtreizes folgt, während bei einer bewegten dunklen Marke auf hellem Grunde an derselben Stelle der Netzhaut der vorhandene Lichtreiz zuerst gelöscht wird und nach kurze · Ausschaltung wieder von neuem einsetzt. Der Unterschied ist aber vielleicht deshalb für den Verlauf der Erscheinung belanglos, weil anscheinend das Erlöschen eines Lichtreizes und das Auftreten eines gleich starken Lichtreizes um die gleiche Zeit später empfunden werden. Wäre es anders, so müßte eine von parallelen Seiten begrenzte hin- und hergehende Marke beim Kreisen abwechselnd den rechten oder linken Rand vortreten lassen, eine

Erscheinung, die aber von gut stereoskopisch sehenden Beobachtern nicht bestätigt wird. Vielmehr bleibt nach diesen Versuchen die ebene Fläche der Marke beim Kreisen sich selbst parallel.

Ich muß dahingestellt sein lassen, ob und inwieweit bei der Erscheinung der kreisenden Marke nicht auch Kontrastwirkungen in Rechnung zu stellen sind. Über „Wesen und Veränderlichkeit der Konturen optischer Bilder" hat Herr Dr. A. Kühl, München, auf der vorjährigen Astronomenversammlung in Potsdam einen sehr interessanten Vortrag (abgedruckt in der Central-Zeitung für Optik und Mechanik, Jahrg. 42, Nr. 25, S. 375, 1921) gehalten, in dem er auf „eine neue physiologisch begründete Definition des Wesens der Bildumrandung" aufmerksam macht und nachweist, daß die auf Grund der Kontrastwirkung aufgebaute Theorie der Bildumgrenzung in Übereinstimmung ist mit der Erfahrung. Seine Ausführungen beziehen sich aber fast ausschließlich auf ruhende Bilder, nicht aber, wie im vorliegenden Falle, auf bewegte und für beide Augen ungleich helle Bilder.

4. Der Weg, den die kreisende Marke m auf ihrem Umlauf um n zurücklegt.

Der zur Demonstration der kreisenden Marke von uns benutzte Apparat Abb. 4 ist in Abb. 6 in schematischer Zeichnung wiedergegeben. Wir bezeichnen mit l die Länge der Kurbelstange und mit r den Radius der Drehscheibe. Es ist dann der Abstand s der Marke m von ihrer äußersten Lage links (für $\alpha = 0$) gegeben durch:

$$s = l + r - (\sqrt{l^2 - r^2 \sin^2 \alpha} + r \cdot \cos \alpha).$$

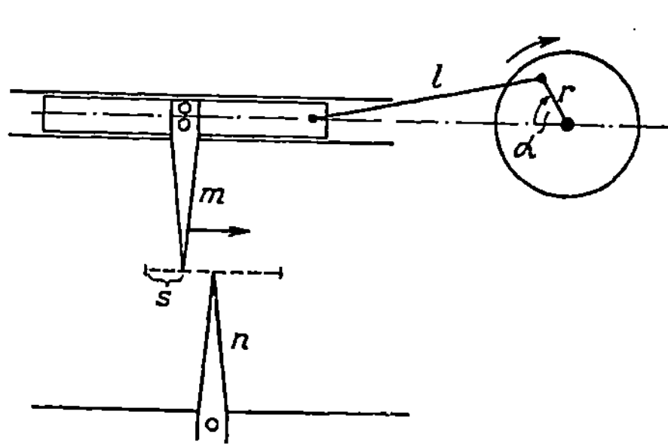

Abb. 6. Berechnung der Lage von m bei einer gleichmäßigen Drehung der Scheibe.

Wird gleichmäßig gedreht, so haben wir in dem Drehungswinkel α der Scheibe zugleich ein Maß für die Zeit. Durch die Strecke s ist also der Ort der bewegten Marke in jedem beliebig gewählten Zeitpunkt festgelegt, sofern die Zeit einer Umdrehung der Scheibe bekannt ist. Wir tragen als Ordinate die Zeit und als Abszisse die Strecke s auf und erhalten beispielsweise für $l = 3\,r$ die ausgezogenen Kurven in Abb. 6 a, von denen die obere der langsameren Bewegung (1 Umdrehung = 2 sec.), die untere der schnelleren Bewegung (1 Umdrehung = 1 sec.) zukommt.

Da wir den Zeitunterschied zwischen Erregung und Empfindung als unabhängig von der Geschwindigkeit des bewegten Körpers ansehen dürfen, so brauchen wir, um auch seinen scheinbaren Ort zu finden, nur die Kurve für den wahren Ort um den dem betreffenden Auge zukommenden Zeitunterschied in der Richtung der Ordinatenachse zu verschieben, in dem der Abb. 5 zugrunde gelegten Beispiel also für das linke Auge mehr als für das rechte. So entstehen die beiden punktierten Kurven in Abb. 6, und wir sehen, daß dadurch in jedem beliebig gewählten Zeitpunkt die Lage der drei Orte nebeneinander bestimmt ist. Wir können also jetzt, wenn wir für jedes Auge die Größe des Zeitunterschiedes zwischen Erregung und Empfindung kennen, berechnen oder konstruieren, wo sich das Raumbild in dem ·betreffenden Moment befindet. Auch ist zu sehen, daß sich der seitliche Abstand der drei Orte und da-

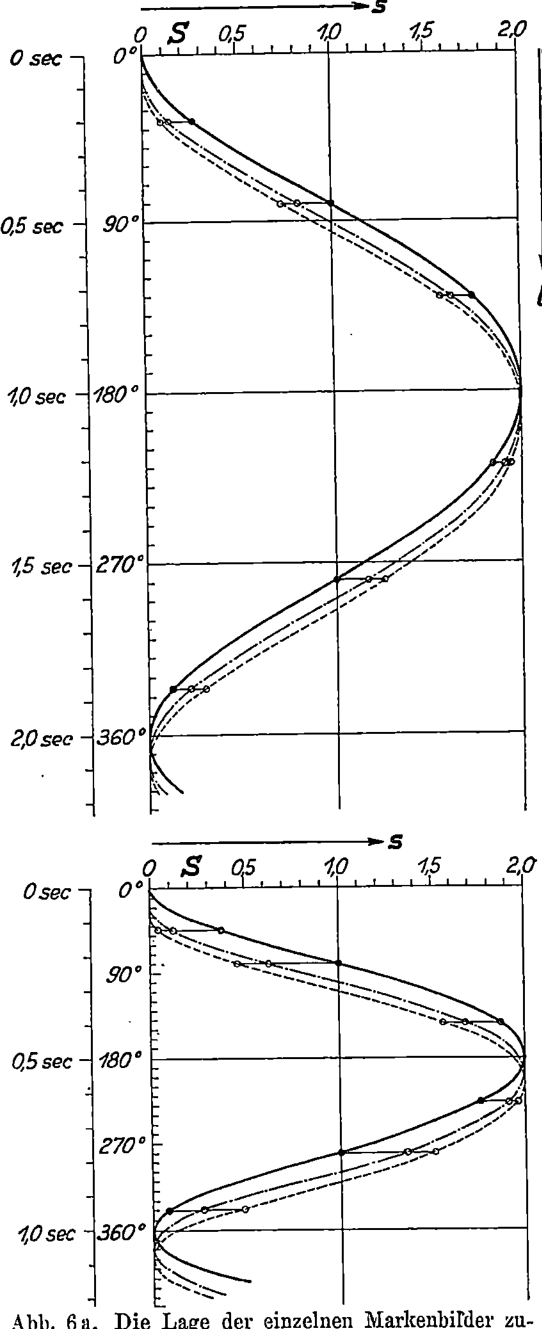

Abb. 6 a. Die Lage der einzelnen Markenbilder zueinander für einen Umlauf und ihre Abhängigkeit von der Geschwindigkeit.

mit auch der Stereoeffekt mit zunehmender Geschwindigkeit immer mehr vergrößert.

Einfacher finden wir den Weg, den die kreisende Marke nimmt, durch die in Abb. 7 wiedergegebene Konstruktion. Sie rührt von meinem Sohn Dr. phil. Hans Pulfrich her, der mir vorschlug, die nach gleichen Zeitintervallen fortschreitenden Strecken s auf einer Geraden aufzutragen und durch die so gewonnenen Endpunkte und die beiden Augen (A_1 und A_2 in Abb. 7) des Beobachters Geraden zu ziehen. Verbindet man dann die zusammengehörigen Schnittpunkte dieser Geraden durch eine Linie, so erhält man in ihr ohne weiteres den Weg, den das Raumbild der Marke genommen hat. Die Konstruktion ist dadurch ausgezeichnet, daß wir gleich eine ganze Schar von Kurven erhalten, deren jede einem bestimmten Zeitintervall zwischen den beiden Empfindungen entspricht, und die wir je nach der Wahl des Vorzeichens der Zeitdifferenz als rechts- oder linksläufig ansehen können. Wir bezeichnen die so erhaltenen Kurven zum Unterschied von den in der Stereophotogrammetrie bekannten und durch eine analoge Konstruktion erhaltenen „Kurven gleicher Parallaxen" als Kurven gleicher Zeitparallaxen.

Die unsymmetrische Form der Kurven in Abb. 7 links hat in dem der Rechnung zugrunde gelegten Verhältnis $l : r = 3$ ihren Grund. Wählt man die Kurbelstange l sehr groß im Verhältnis zu r oder sorgt in anderer Weise für eine reine Sinusbewegung, so nehmen die Kurven gleicher Zeitparallaxen die in Abb. 7 rechts angegebene Form an. Der Unterschied der beiderseitigen Kurven tritt auch im Experiment deutlich in die Erscheinung.

Ich möchte bei dieser Gelegenheit noch auf einen weiteren hierher gehörigen Versuch aufmerksam machen. Wir setzen auf eine horizontale Drehscheibe zwei Stäbe, den einen zusammenfallend mit der Drehachse, den anderen außerhalb derselben und setzen die Scheibe in schnelle rechtsläufige Bewegung. Hält man jetzt vor das linke Auge das Rauchglas und schaut in gleicher Höhe mit der Drehscheibe über diese hinweg, so bleibt der Sinn der Drehung (rechts herum) des Raumbildes erhalten, nur sind die scheinbaren Ausschläge nach vorn und hinten sehr viel größer geworden. Hält man dagegen das Rauchglas vor das rechte Auge, so kehrt sich schon bei mäßiger Geschwindigkeit der Sinn der Drehung um. Man sieht also dann den Stab links herum laufen. Überläßt man jetzt die Scheibe sich selbst, so werden in dem Maße, wie die Geschwindigkeit abnimmt, die Ausschläge nach vorn und hinten immer kleiner. In einem bestimmten Moment sieht man dann den Stab geradlinig hin und her gehen und gleich darauf rechts herum laufen, wie er es in Wirklichkeit tut. Über den Weg, den in diesen Fällen das Raumbild nimmt, gibt die nach der

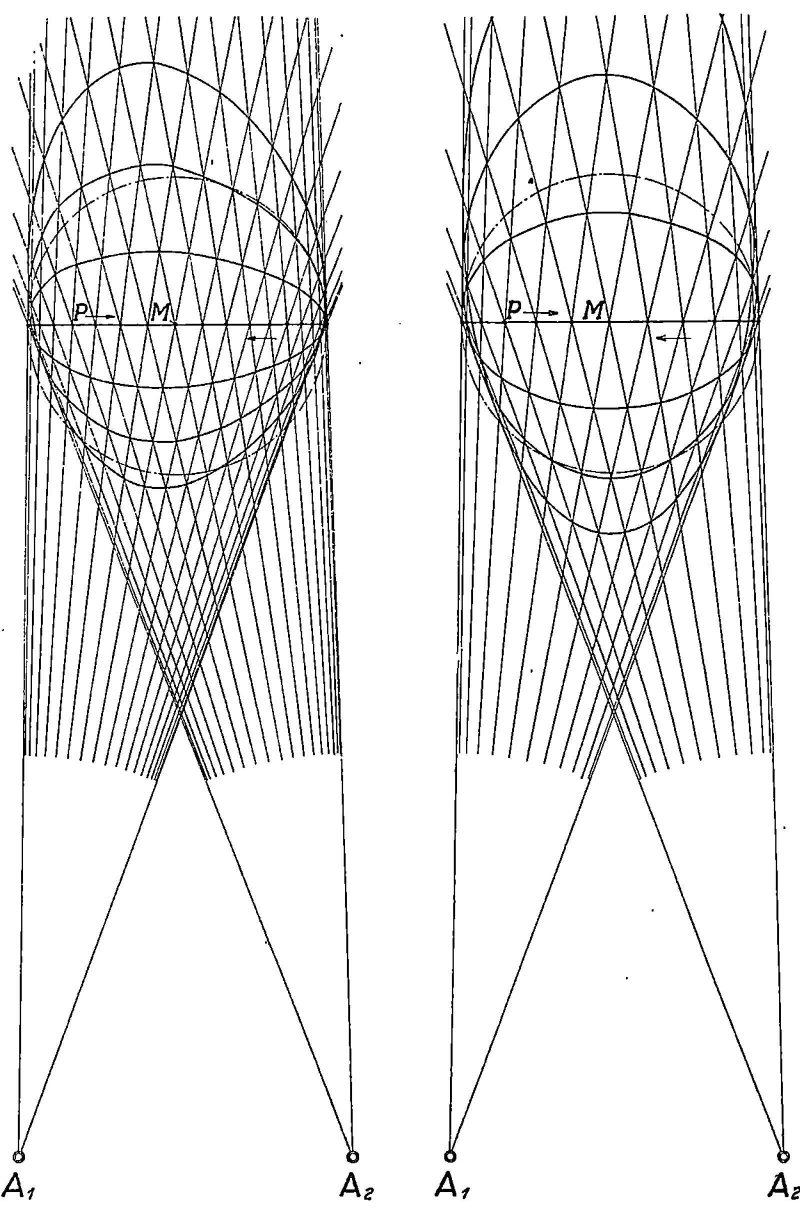

Abb. 7. Kurven gleicher Zeitparallaxen für den Fall, daß der Punkt P in der Ebene der beiden Blickrichtungen eine geradlinige und ungleichförmig beschleunigte Bewegung ausführt.

Schlittenweg für Kurbelbetrieb
$$l : r = 3.$$

Einfache Sinusbewegung
$$l : r = \infty$$

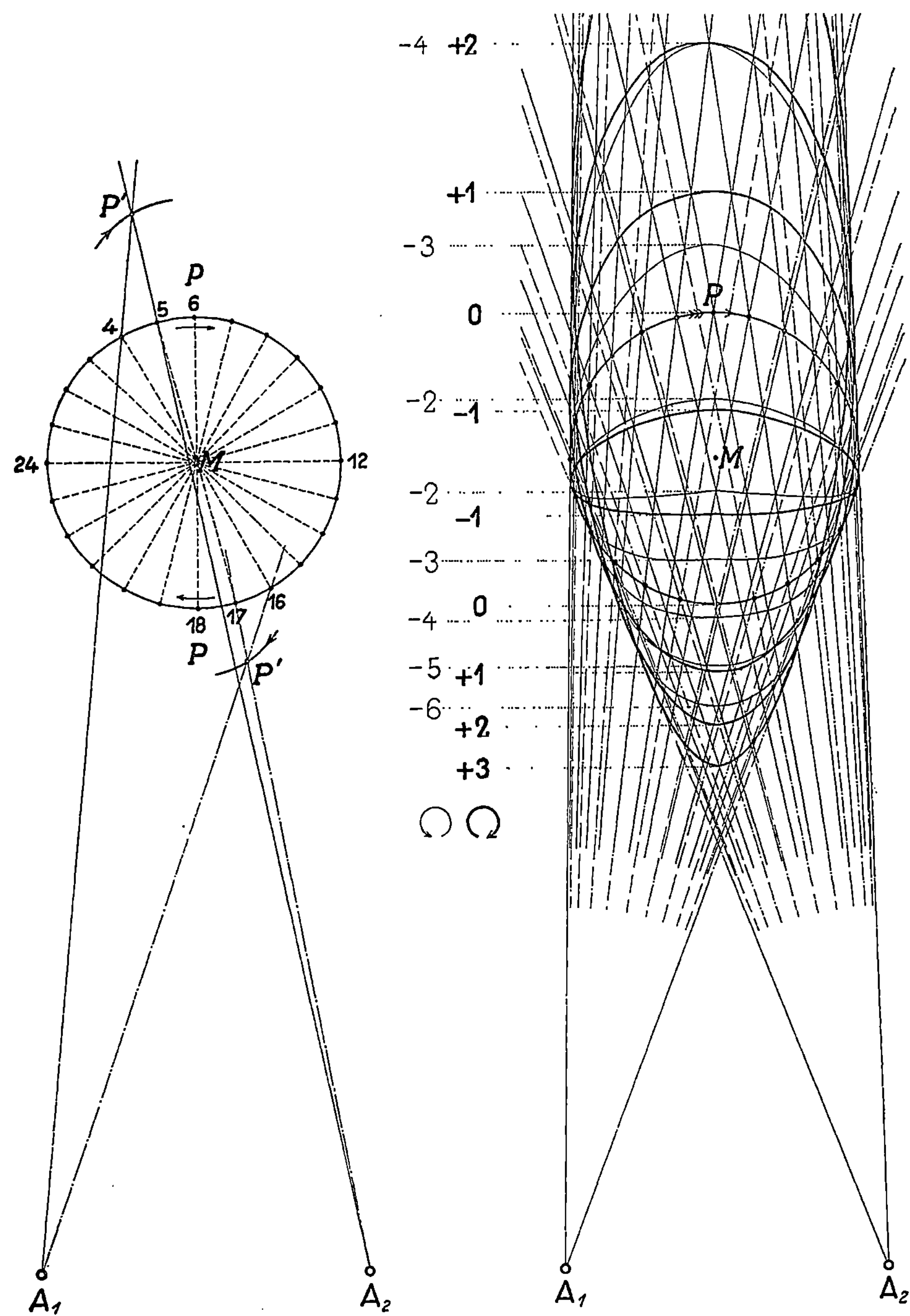

Abb. 7a. Kurven gleicher Zeitparallaxen für den Fall, daß der Punkt P in der Ebene der beiden Blickrichtungen eine gleichmäßige Kreisbewegung um M ausführt.

obigen Konstruktion gefundene Schar von Kurven gleicher Zeitparallaxen, wie sie in Abb. 7a wiedergegeben sind, Aufschluß. Setzt man zwei Stäbe in verschiedenem Abstand vom Zentrum auf die Scheibe, so tritt die scheinbare Umkehr der Bewegung für die beiden Stäbe nicht zu der gleichen Zeit ein, der äußere Stab scheint dem inneren nachzulaufen.

5. Ermittlung des Zeitunterschiedes der beiden Empfindungen.

Den absoluten Betrag des Zeitunterschiedes zwischen Erregung und Empfindung[1]) wollen wir hier unerörtert lassen und uns damit begnügen, die Differenz der beiderseitigen Zeitunterschiede zu ermitteln. Zu dem Zwecke wurden auf den Stereokomparator zwei identische Kreuzgitter auf Glas im Format 13×18 cm² (Kontaktkopien des bei photographischen Himmelsaufnahmen im Gebrauch befindlichen sog. Gautier-Gitters mit 5 mm Strichabstand) gelegt und so justiert, daß von den senkrecht zueinander stehenden Strichen die einen der Horizontalverschiebung des Plattenpaares parallel gerichtet waren. Hatte man dann einen der Vertikalstriche mit aller Sorgfalt auf die gleiche scheinbare Entfernung mit der Meßmarke im Stereomikroskop eingestellt, so war das bei der bekannten Güte dieser Gitter auch für alle übrigen Vertikalstriche der Fall. Sind die Helligkeiten links und rechts gleich, so kann man das Plattenpaar mehr oder weniger schnell an den Augen des Beobachters vorbeiführen, ohne daß eine Änderung in der Tiefenlage der Gitterstriche zur Meßmarke beobachtet wird. Die maximale Geschwindigkeit, bei der ein gut stereoskopisch sehender Beobachter noch mit Sicherheit die Tiefenlage der Striche zur Meßmarke beurteilen kann, wird erreicht, wenn ein Strich des Gitters das Gesichtsfeld in rund ½ sec. durchläuft. Das entspricht

------

[1]) Neuerdings hat Herr Prof. F. W. Fröhlich-Bonn in der Klinischtherapeutischen Wochenschrift S. 279—283 und in der Z. f. Sinnesphysiologie Bd. 54 S. 58, 1922 zur Messung dieser „Empfindungszeit" genannten Zeitdauer eine Methode angegeben, die sich auf die Beobachtung eines bewegten, aus einer Kulisse hervortretenden Lichtspaltes gründet. Aus den nach dieser Methode ausgeführten Messungen geht hervor, daß der Lichtspalt immer erst in einigem Abstand vom Blendenrand anfängt sichtbar zu werden, und daß dieser Abstand mit zunehmender Lichtstärke immer kleiner wird. Aus dem gemessenen Abstand und der bekannten Geschwindigkeit des Spaltes kann man dann schließen, daß die Zeitdauer zwischen Reiz und Empfindung mit wachsender Stärke des Lichtreizes immer mehr abnimmt und im Mittel 0,07 sec. beträgt.

einer Winkelbewegung im freien Sehen von etwa 50° pro Sekunde. Natürlich kann man bei einer solchen Geschwindigkeit in den zwischen den Extremlagen gelegenen Phasen der Bewegung die einzelnen Striche nicht mehr unterscheiden. Man sieht hier wie bei dem hin und her gehenden Taktstock des Kapellmeisters infolge der den einzelnen Strichen nachlaufenden Nachbilder ein verwaschenes Etwas vorüberhuschen, von dem man nicht sagen kann, was eigentlich sein Inhalt ist. Ebensowenig kann man bei dieser Geschwindigkeit der Bewegung ein Urteil darüber abgeben, ob die Striche wirklich gerade sind oder nicht. Und trotzdem diese Sicherheit im Erfassen des stereoskopisch wahrgenommenen Raumbildes! Das ist eben der große Vorzug der Stereomethode vor der monokularen, auf den ich schon früher einmal (Z. f. Instr.-Kunde XXII, 1902, S. 70), als ich noch stereoskopisch sehen konnte, hingewiesen habe. Ich sagte damals, daß es mit dem stereoskopischen Entfernungsmesser mit Tiefenskala ein leichtes sei, „die Entfernung von nur kurze Zeit sichtbaren Objekten zu ermitteln, die, wie z. B. ein vorüberfliegender Vogel oder die durch den Geschoßeinschlag aufgeworfenen Erd- oder Wassergarben, schon längst wieder verschwunden sind, ehe man sich über ihre Gestalt und Gliederung eine rechte Vorstellung gebildet hat" [1].

Nunmehr wurden die beiden Gitter ungleich hell beleuchtet, und zwar geschah das in einfacher Weise so, daß auf der einen Seite zwischen Lampe und Spiegel einige Bogen dünnes Pauspapier eingeschaltet wurden. Während ich durch tunlichst gleichmäßiges Drehen an der Kurbel das Plattenpaar verschob und mit der Stoppuhr in der Hand die Geschwindigkeit der Bewegung des Plattenpaares bestimmte, stellte der in den Apparat schauende Beobachter mit Hilfe der Parallaxenschraube die wandernde Marke auf das vorüberziehende scheinbar nach vorn oder nach rückwärts im Raum verschobene Gitter ein. Diese Einstellung an sich macht, wie gesagt, keinerlei Schwierigkeit. Nur zeigte sich, daß man mit der Hand die Kurbel nicht gleichmäßig genug drehen kann, um eine konstante Tiefenlage des vorüberziehenden Raumbildes zu erwirken. Es pendelte bei jeder Umdrehung der Kurbel etwas nach vorn und hinten, so daß immer nur auf eine mittlere Lage des Raumbildes eingestellt werden konnte. Daher ist die Genauigkeit der so gewonnenen Parallaxen nicht so groß, wie sie bei Benutzung eines gleichmäßig gehenden Motors hätte sein können. Die für verschiedene Geschwindigkeiten und verschiedene Grade der Verdunkelung so gewonnenen Zeitparallaxen wurden graphisch aufgetragen und durch die beiden in Abb. 8 wiedergegebenen Geraden ausgeglichen. Wir

---

[1] Man vergleiche auch die weiter unten in Anmerkung 1 Seite 48 stehenden Bemerkungen.

verzeichnen vorbehaltlich der Wiederholung dieser Versuche mit Motorantrieb als Resultat der vorliegenden Messungsreihen, daß die durch den Helligkeitsunterschied hervorgerufene Parallaxenänderung sowohl der Geschwindigkeit der Bewegung als auch dem Helligkeitsunterschied einfach proportional ist.

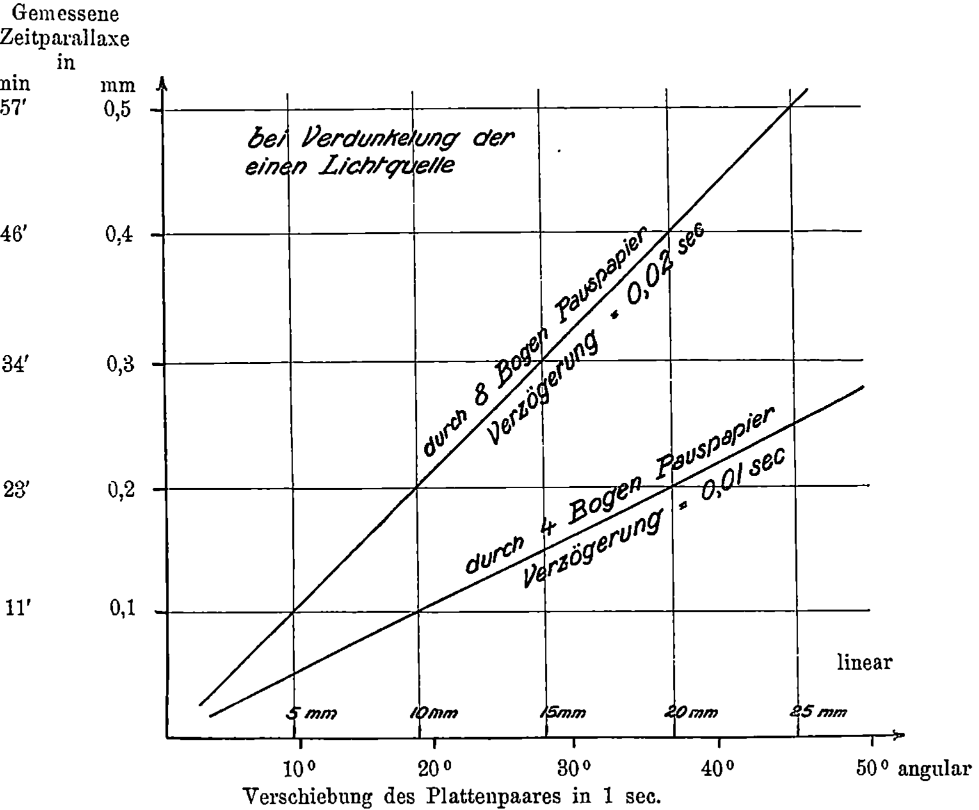

Verschiebung des Plattenpaares in 1 sec.

Okularbrennweite $f = 30$ mm

Durchmesser des Gesichtsfeldes $\begin{cases} \text{linear } 12 \text{ mm} \\ \text{angular } 22^{\circ}\ 40' \end{cases}$

Abb. 8. Auf dem Stereokomparator gemessene Zeitparallaxen.

Setzen wir wie oben voraus, daß der Zeitunterschied zwischen Reiz und Empfindung von der Geschwindigkeit des bewegten Körpers unabhängig ist, so muß dieselbe Unabhängigkeit von der Geschwindigkeit auch gelten für den Zeitunterschied der beiden Empfindungen. Dieser Unterschied hängt also nur ab von der Helligkeitsdifferenz. Das geht auch aus unseren Versuchen in Abb. 8 hervor.

Zwar wird die Parallaxe mit wachsender Geschwindigkeit immer größer, so daß das eine Gitter um einen immer größer werdenden linearen Betrag hinter dem anderen herläuft, aber gleichzeitig wird auch der vom Gitter in einer Sekunde zurückgelegte Weg immer größer, und zwar so, daß das Verhältnis der beiden Strecken, das ist die gesuchte Zeitdifferenz, konstant bleibt. Für die obere Versuchsreihe in Abb. 8 berechnet sich somit die Zeitdifferenz der beiden Empfindungen zu 0,02 sec. und für die untere Reihe zu 0,01 sec. Wenn man bedenkt, daß ein gut stereoskopisch sehender Beobachter noch mit Leichtigkeit Parallaxen im Betrage von 0,01 mm erkennen kann, so ist klar, daß auf diese Weise noch Zeitdifferenzen der beiderseitigen Empfindungen im Betrage von weniger als 0,001 sec. gemessen werden können.

Für die später noch anzustellenden Überlegungen ist es ferner von Interesse, zu wissen, wie groß die Zeit ist, während der die einzelnen Empfindungselemente der Netzhaut dem Lichtreiz durch die vorüberziehenden Gitterstriche ausgesetzt sind. Sie beträgt für die in Abb. 8 angegebenen Geschwindigkeiten von 5 bis 35 mm pro Sekunde 2 bis herab zu 0,3 Tausendstel einer Sekunde.

Von praktischer Bedeutung ist endlich die Frage, wie groß die Geschwindigkeit in der Bewegung des Plattenpaares höchstens sein darf, wenn die eben noch erkennbare Parallaxe im Betrage von 0,01 mm nicht überschritten werden soll. Die Antwort gibt uns wieder Abb. 8. Man sieht, daß für eine durch 8 Blatt Pauspapier hervorgerufene Helligkeitsdifferenz die Geschwindigkeit in der Fortbewegung des Plattenpaares beim Ziehen einer Schichtlinie nicht über 0,5 mm, bei 4 Blatt Pauspapier nicht über 1 mm hinausgehen darf. Das sind schon ziemlich starke Helligkeitsunterschiede, die in der Regel beim Stereoautographen nicht vorkommen. Immerhin ist aus diesen Zahlen zu ersehen, daß man auch bei einer nicht vollkommen beseitigten Helligkeitsdifferenz, wie bereits früher (S. 8) erwähnt wurde, fehlerfreie Schichtlinien ziehen kann, wenn man nur auf den Helligkeitsunterschied achtet und dafür sorgt, daß an den Stellen des Plattenpaares, wo eine solche Helligkeitsdifferenz vorkommt, nicht gar zu schnell die Schichtlinien gezogen werden. Übrigens ist die Gefahr, bei geringen Helligkeitsunterschieden Fehler zu begehen, an sich schon gering, da selbst geübte Beobachter selten über eine Geschwindigkeit von 2 mm in der Bewegung des Plattenpaares beim Ziehen einer Schichtlinie hinauskommen.

6. Einige mehr oder weniger bekannte Erscheinungen und Versuche, die die Abhängigkeit der Zeitdifferenz zwischen Lichtreiz und Empfindung von der Stärke des Lichtreizes dartun.

Daß ein auf die Netzhaut ausgeübter Lichtreiz Zeit braucht, ehe er im Gehirn zum Bewußtsein des Beobachters gelangt, bedarf keiner besonderen Begründung. Das ist mit allen Nervenreizen so, von welcher Stelle des Nervensystems der Reiz auch ausgehen mag. Wie und wo dieser Zeitverlust hauptsächlich zustande kommt, ob an der Reizstelle, auf der Nervenbahn oder im Gehirn auf dem Wege zum Bewußtsein, läßt sich wohl schwerlich entscheiden. Der Zeitverlust ist da und er wird noch größer, wenn die bewußte Empfindung im Gehirn sich zu einer bestimmten Vorstellung entwickeln soll, wenn also z. B. das vom Ohr aufgenommene gesprochene Wort nicht nur eine Lautempfindung, sondern auch bestimmte Gedanken erwecken soll. Auch weiß man, daß gerade der hierdurch hervorgerufene Zeitverlust bei manchen Personen mit sog. „langer Leitung" nicht unbeträchtliche Werte annehmen kann.

Ich werde im folgenden an einigen mehr oder weniger allgemein bekannten optischen Erscheinungen zeigen, wie sich dieser Zeitverlust zwischen Reiz und Empfindung und seine Abhängigkeit von der Stärke des Lichtreizes kundtut.

Eine Beobachtung, die wohl jeder schon oft an sich selbst gemacht hat, ist die, daß man bei schlechter Beleuchtung nicht so gut in einem Buche lesen kann wie bei voller Tageslichtbeleuchtung. Gewiß wird dieser Mangel in erster Linie durch die geringere Sehschärfe der Augen bei schlechter Beleuchtung hervorgerufen. Aber das ist nicht die einzige Ursache. Es kommt auch der Umstand in Anrechnung, daß bei dem schnellen Hinweggleiten der Augen über die einzelnen Buchstaben und Worte die Empfindung nicht so schnell dem Lichtreiz auf der Netzhaut nachfolgen kann, wie das bei voller Beleuchtung der Fall ist. Beim Lesen empfindet man diesen Unterschied in der Beleuchtung nicht in dem Maße, daß ein Lesen unmöglich erscheint. Will man aber im Dämmerlicht nach unbekannten Noten Klavier spielen, so muß man bald aufhören, denn der Klavierspieler ist gezwungen, in der zeitlichen Aufeinanderfolge der Töne bestimmte stets wechselnde Zeitintervalle einzuhalten, die hinsichtlich ihrer Größenordnung nicht allzuweit entfernt sind von den bei schwachen Lichtreizen vorkommenden Zeitintervallen zwischen Erregung und Empfindung.

Die Zeitdifferenz zwischen Erregung und Empfindung spielt auch in der Astronomie bei der Beobachtung von Sterndurchgängen durch die Meßfäden des Meridianinstrumentes, welche Durchgänge vom Beobachter durch Herabdrücken eines Stiftes auf einen gleichmäßig sich bewegenden Papierstreifen registriert werden, als sog. „persönliche Gleichung" eine wichtige Rolle, und man weiß auch, daß diese in Rechnung zu stellende Korrektion als sog. „Helligkeitsgleichung" abhängig ist von der Helligkeit der Sterne und von der Geschwindigkeit — diese am größten am Himmelsäquator —, mit der die Sterne durch das Gesichtsfeld des Fernrohres hindurchgehen, so daß man bei dem Anschluß ungleich heller Sterne vorzieht, diese Korrektion zu umgehen dadurch, daß man durch Blenden vor dem Objektiv die Helligkeit des helleren Sternes auf die des schwächeren herabdrückt [1]).

Einen für unser Verfahren ganz eindeutigen und von der Willensbetätigung des Beobachters ganz unabhängigen ad oculos-Beweis für die Abhängigkeit der Zeitdauer zwischen Lichtreiz und Empfindung von der Stärke des Lichtreizes bringt folgender Versuch. Man zündet nach Verdunkelung des Saales vor dem unteren Ende des Projektionsschirmes eine elektrische, nach dem Zuschauerraum mit einer Blende versehene Lampe an. Die Zuschauer werden dann, indem sie weniger auf die Lampe sondern mehr auf den Schirm achten, den Eindruck erhalten, als breite sich das Licht nach oben auf dem Schirme aus, gleichsam als fliehe die Dunkelheit vor der Helle. Diese unter dem Namen der fortlaufenden Schatten längst bekannte Erscheinung hat mit der zeitlichen Ausbreitung des Lichtes nichts zu tun. Denn die Lichtausbreitung erfolgt mit einer Geschwindigkeit von 300000 km in der Sekunde, und ebenso schnell kommt von allen Teilen des Schirmes das reflektierte Licht auf der Netzhaut an. Wohl aber nimmt die Stärke der Beleuchtung des Schirmes sehr schnell von unten nach oben ab, und so entsteht, da die stärkeren Lichtreize früher zum Bewußtsein gelangen als die schwächeren, der Eindruck einer zeitlichen Ausbreitung des Lichtes.

---

[1]) Es gibt in der Astronomie noch eine andere Gruppe von Beobachtungen, wo die Zeitdifferenz zwischen Reiz und Empfindung und deren Abhängigkeit von der Reizstärke ebenfalls einen Unsicherheitsfaktor für die Meßgenauigkeit darstellt: die Ermittlung des Zeitpunktes, in dem ein Stern hinter dem dunklen Mondrand hervortritt oder dahinter verschwindet. Das Verfahren ist hier im wesentlichen das gleiche wie das auf Seite 19 Anm. 1 erwähnte, und wir können daher ohne weiteres folgern, daß der hinter dem Mondrand hervortretende Stern immer erst in einigem Abstand vom Mondrand anfängt sichtbar zu werden, und daß dieser Abstand bei schwachen Sternen größer ist als bei hellen Sternen. Auch ist die von Fröhlich angegebene Zeitdifferenz — im Mittel 0,07 sec. = 1″,05 — von einer solchen Größenordnung, daß dadurch leicht etwaige Abweichungen zwischen Beobachtung und Rechnung, wenn auch nur zum Teil, erklärt werden können

Auch eine in der Praxis der Photometrie bekannte Erscheinung verdient hier erwähnt zu werden. Wenn man nämlich die miteinander zu vergleichenden, in scharfer Trennungslinie aneinanderstoßenden Felder im Gesichtsfeld eines Photometers unter einem Momentverschluß dem Anblick des Beobachters entzieht und dann den Verschluß öffnet und gleich darauf wieder verschließt, so gelangt die eine Hälfte des Gesichtsfeldes mit der größeren Helligkeit etwas früher zur Perzeption als die andere. Die Folge davon ist, daß der Helligkeitsunterschied stärker in die Erscheinung tritt, als er in Wirklichkeit ist, ein Umstand, der der Einstellungsgenauigkeit zugute kommt.

Sehr wahrscheinlich erklärt sich in gleicher Weise auch die von Arago gemachte und von Helmholtz (Phys. Opt., 2. Aufl., S. 264, 347 und 386) bestätigte Beobachtung, daß man beim Bewegen eines Objektes vor dem ruhenden Auge oder, was dasselbe ist, beim Hinweggleiten der Blickrichtung über das ruhende Objekt noch Helligkeitsunterschiede (bis auf $^1/_{131}$ herab statt $^1/_{100}$) erkennen kann, die man bei relativer Ruhe von Auge und Objekt nicht sieht. Damit ist unserer auf die Beobachtung einer bewegten Marke sich gründenden stereophotometrischen Methode ein günstiges Prognostikum gestellt, das auch im großen und ganzen durch die bisherigen Untersuchungen bestätigt wird.

7. Den Vorgängen im beidäugigen Sehen analoge Vorgänge bei Tonempfindungen im beidöhrigen Hören.

Im Jahre 1887 hielt auf der Naturforscherversammlung in Wiesbaden ein Herr in einer der Sitzungen der physikalischen Sektion einen Vortrag „über das stereoskopische Hören" mit dem Erfolg, daß die Sitzung ein vorzeitiges Ende nahm. Man hat den Herrn nicht für ernst genommen, ob mit Recht oder Unrecht, kann ich jetzt nicht mehr sagen, da mir der Inhalt des Vortrages nicht in Erinnerung geblieben ist.

Mit dem beidäugigen Sehen ist das binaurale Hören natürlich nicht auf die gleiche Stufe zu stellen. Denn das beidäugige Sehen gibt innerhalb des stereoskopischen Sehbereichs einen unmittelbaren Aufschluß über das Neben- und Hintereinander der uns umgebenden sichtbaren Dinge, während es sich bei dem beidöhrigen Hören nur um die unmittelbare Wahrnehmung der Schallrichtung handelt. Auch ist die Genauigkeit der Richtungsbestimmung sehr gering im Vergleich zu der visuellen Richtungsbestimmung. Nach einer vor kurzem in den „Naturwissenschaften" X, S. 107, 1922, erschienenen sehr interessanten Abhandlung von H. Hecht-Kiel: „Über die Lokalisation von Schallquellen" beträgt die Unsicherheit in der binauralen Richtungsbestimmung für eine in der Sagittalebene des Beobachters ankommende Schallwelle $\pm 3^0$, das ist ungefähr das 400fache der optischen Unsicherheit.

Kommt die Schallwelle aus einer Richtung, die mehr als 3^0 von der Sagittalebene des Beobachters abweicht, so ist die Unsicherheit in der Richtungsbestimmung noch viel größer und erreicht ihr Maximum (nach Hecht $\pm 15^0$), wenn die Schallwelle mehr oder weniger senkrecht zur Sagittalebene verläuft. Während von der in der Sagittalebene verlaufenden Schallwelle die beiden Ohren des Beobachters zu der gleichen Zeit erreicht werden und das Trommelfell auf beiden Ohren in gleicher Stärke erregt wird, ist das für eine von der Seite ankommende Schallwelle nicht mehr der Fall. Denn jetzt wird das der Schallwelle zugewandte Ohr nicht allein früher von der Schallwelle erreicht, es wird auch stärker erregt als das andere, einmal deshalb, weil die Ohrmuschel des der Schallquelle zugewandten Ohres in ihrer Eigenschaft als Schallverstärker besser zur Geltung kommt, dann aber auch deshalb, weil das andere Ohr mit zunehmender Neigung der Schallrichtung zur Sagittalebene immer mehr in den Schallschatten des Kopfes tritt. Auch ist der hierdurch hervorgerufene Unterschied in der Stärke der Erregung des Trommelfells noch abhängig von der Tonhöhe, da mit der Höhe des Tones der Schallschatten immer wirksamer wird.

Übertragen wir unsere beim Auge gemachten Erfahrungen — so wie das die Herren H. Carsten und H. Salinger vor kurzem in einer in den „Naturwissenschaften" S. 329 veröffentlichten Besprechung der Hechtschen Arbeit unter Bezugnahme auf meinen Jenaer Vortrag bereits getan haben — auf das Ohr, so müssen wir sagen, daß das vorgehaltene Ohr den Schall früher empfindet als das andere Ohr, nicht allein deshalb, weil der Weg zu ihm kürzer ist als zum anderen, sondern auch deshalb, und ich füge hinzu, vielleicht hauptsächlich deshalb, weil auch hier der stärkeren Erregung die Empfindung schneller folgt als der schwächeren.

Das Verfahren, durch beidöhriges Hören die Richtung einer ankommenden Schallwelle zu bestimmen, hat im Kriege vielfach praktische Verwendung gefunden. Ich erwähne hier nur die sog. Schallweiser, die bei den Schallmeßtruppen im Gebrauch waren. Bei diesem auf eine horizontale Drehscheibe mit Teilkreis gesetzten Apparat war der natürliche Ohrenabstand durch seitlich aufgestellte Schallaufnehmer auf ein bestimmtes Vielfaches gebracht, wodurch die Genauigkeit der Richtungsbestimmung entsprechend gesteigert wird. Es ist mir mitgeteilt worden, daß die Angaben einzelner Beobachter oft ganz erheblich — bis zu 20^0 — voneinander abweichen, bis man dazu überging, jede Messung zu wiederholen in der Weise, daß man die zu den Ohren führenden Hörschläuche vertauschte und dann aus beiden Messungen das Mittel nahm.

Offenbar rühren diese Abweichungen daher, daß die beiden Ohren des Beobachters nicht die gleiche Hörschärfe haben, so daß selbst bei gleichzeitiger und gleichstarker Erregung des Trommelfells in beiden Ohren die Überleitung zum Gehirn in dem schwächeren Ohr längere Zeit in Anspruch nimmt als in dem anderen, normalhörigen Ohr. Es wiederholt sich also hier der gleiche Vorgang, den wir oben (S. 12) bei Beobachtern mit ungleicher Sehschärfe auf beiden Augen festgestellt haben. Indem der mit einem solchen Defekt behaftete Beobachter am Schallmeßgerät den Apparat nach der Seite dreht, auf der das normalhörige Ohr gelegen ist, gibt er dem schwächeren Ohr einen zeitlichen Vorsprung in der Aufnahme der alsdann schräg zur „Standlinie" ankommenden Schallwelle und bewirkt damit in einer bestimmten Stellung des Apparates, daß die Zeitdifferenz der beiden Empfindungen verschwindet. Vertauscht man die beiden Hörschläuche, so muß derselbe Beobachter den Apparat jetzt um den gleichen Winkel nach der anderen Seite drehen, um wieder Gleichzeitigkeit der Empfindungen herbeizuführen. Das Mittel der beiden Einstellungen muß also im großen und ganzen mit der Schallrichtung übereinstimmen.

Ich habe von diesen Überlegungen kürzlich folgende Nutzanwendung gemacht. Ich bin auf dem linken Ohr etwas schwerhörig, besonders stark für die hohen Töne, auf dem rechten Ohr normalhörig. Bei mir ist daher, selbst bei gleichzeitiger Erregung des Trommelfells beider Ohren, eine Zeitdifferenz der Tonempfindungen sicher vorhanden [1]. Infolgedessen habe ich seit einer Reihe von Jahren mit der Schwierigkeit zu kämpfen, in Konzerten die von Sängerinnen gesungenen Worte zu verstehen. Ich habe mir in solchen Fällen bisher so geholfen, wie das wohl auch andere tun, daß ich das normale Ohr vorhielt, um besser verstehen zu können. Neuerdings habe ich, gestützt auf die vorstehenden Überlegungen, einen anderen Weg eingeschlagen, den ich anderen Leidensgefährten zur Prüfung und zur Nachahmung empfehlen möchte. Ich habe meinen Kopf nach rechts gedreht, die Ohrmuschel des linken Ohres durch Anlegen der linken offenen Hand vergrößert, und war

---

[1] Setze ich mich auf einen Drehschemel in meinem Wohnzimmer der laut tickenden Wanduhr gegenüber, schließe die Augen und suche die Richtung auf, aus der der Schall zu kommen scheint, so weicht die so gefundene Richtung immer nach rechts um ca. 10^0 ab. Verstärke ich die das linke Ohr treffende Schallwelle durch die hinter das linke Ohr gehaltene hohle linke Hand und wiederhole den Versuch, so fällt die gefundene Schallrichtung sehr nahe mit der wahren zusammen. Halte ich hinter das rechte Ohr die hohle Hand, so wird die Abweichung nach rechts erheblich größer als 10^0.

überrascht, jetzt alles viel besser verstehen zu können. Bei diesem Versuch hatte ich unmittelbar hinter mir eine Wand, die für das rechte, im Schallschatten des Kopfes liegende Ohr als Reflektor und damit als Wegverlängerer für die beim rechten Ohr wirksame Schallwelle diente.

8. Die zu einer Gesichtswahrnehmung nötige Zeit und die Art des Anstieges der Lichtempfindung.

Während die vorstehend angeführten Argumente nur dazu dienen, den Nachweis der Abhängigkeit der Zeitdifferenz zwischen Reiz und Empfindung von der Stärke des Reizes zu bringen, sind wir durch die Untersuchungen und Messungen, welche der jetzt noch lebende Wiener Physiologe Herr Prof. Sigmund Exner in jungen Jahren unter Leitung von Helmholtz im physiologischen Institut in Heidelberg ausgeführt hat, auch über die zu einer Gesichtswahrnehmung nötige Zeit und die Art des Anstieges der Lichtempfindung auf das genaueste unterrichtet. Die Arbeit ist in den Sitz.-Ber. der Wiener Akad. d. Wiss. Bd. 58, 1868, erschienen, und Helmholtz hat darüber in seiner Physiologischen Optik, 2. Aufl., S. 575, ausführlich berichtet. In der 3. Auflage ist dieser Bericht ganz in Wegfall gekommen. In Anbetracht der großen Bedeutung dieser Untersuchungen für unsere Methode möchte ich daher im folgenden über die von Sigmund Exner benutzte Methode und die von ihm erhaltenen Resultate kurz referieren.

Zunächst die Methode. Exner benutzt zwei Scheiben, die in einigem Abstand hintereinander auf einer Achse angebracht sind und durch einen Motor so in eine gleichmäßige Rotation versetzt werden, daß die dem Beobachter abgewandte Scheibe 10mal schneller rotiert als die unmittelbar vor ihm befindliche. Die vordere Scheibe hat einen Sektorausschnitt, welcher dem Beobachter für einige Sekunden den Durchblick nach der zweiten Scheibe freigibt, während welcher Zeit die zweite Scheibe einmal ihre Umdrehung ausführt. Die zweite Scheibe ist ebenfalls mit einem Sektorausschnitt versehen, welcher dem Beobachter für eine Zeitlang den Durchblick nach einer dahinter befindlichen beleuchteten weißen Fläche von begrenzter Ausdehnung (z. B. nach dem Rechteck I in Abb. 9 oben) gestattet. Dann folgt ein Sektor aus weißem Papier, der ebenso hell beleuchtet ist wie I und somit die Belichtung der durch I begrenzten Stelle der Netzhaut in der gleichen Stärke weiter fortsetzt, aber auch die Umgebung (II in Abb. 9) mit belichtet. Dann folgt als letzter ein dunkler Sektor, der die Belichtung von I und II gleichzeitig auslöscht. Durch ein zwischen den beiden Scheiben angebrachtes Linsensystem ist dafür gesorgt, daß das Bild der zweiten Scheibe mit dem Ort der ersten Scheibe zusammenfällt, so daß der Übergang von einem Sektor der zweiten Scheibe zum anderen jedesmal so erfolgt, wie wenn beide Scheiben sich unmittelbar vor der Pupillenöffnung des Auges befänden.

Die Geschwindigkeit, mit der sich die Scheiben drehen, war bekannt, und die Sektoren waren einzeln einstellbar. Aus ihrer Größe konnte daher ohne weiteres auf den Moment des Eintritts der Lichtreize und deren Zeitdauer geschlossen werden. Da die vordere Scheibe nur für wenige Sekunden den Durchblick gestattete, so herrschte für die übrige Zeit, mehrere Minuten lang, vollständige Dunkelheit, bis das Spiel wieder von neuem einsetzte.

Auf diesem Wege hat Exner gefunden, daß für einen plötzlich einsetzenden und einige Zeit andauernden Lichtreiz der Anstieg der Lichtempfindung in einer Kurve (Abb. 9) erfolgt, deren Verlauf große Ähnlichkeit hat mit dem der Geschoßbahn. Beide Kurven tragen gleich bei Beginn den Keim des Todes in sich. An dem schräg aufwärtsfliegenden Geschoß zehrt die Schwere und zieht

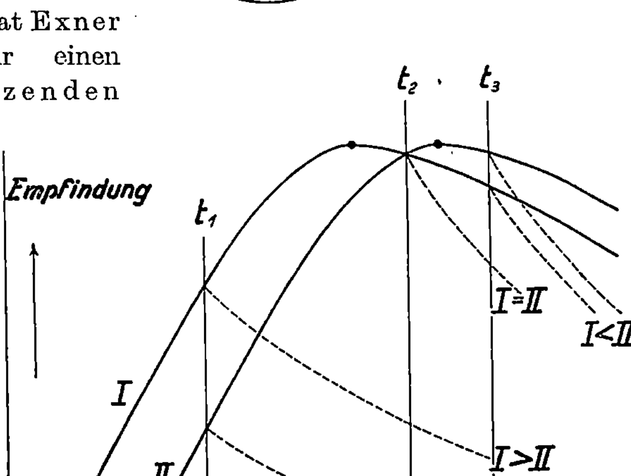

Abb. 9. Verlauf der Lichtempfindung (nach Sigm. Exner, 1868).

es abwärts, an der Empfindung des Lichtreizes die Ermüdung der Netzhaut. Beide Kurven erreichen ein Maximum, um von da aus, in dem einen Falle schneller als in dem anderen, wieder herabzugehen. Auf das Verfahren, wie Exner die einzelnen Teile der Empfindungskurve messend verfolgt hat, will ich hier nicht näher eingehen. Die Lage des Maximums der Empfindung bestimmte er in folgender Weise. Er achtete auf die unmittelbar nach der Verdunkelung auftretenden

positiven Nachbilder — in ihrem Verlauf in Abb. 9 durch die
punktierten Kurven angedeutet — und sah zu, wie sich die beiden
Nachbilder von I und II in ihrem Helligkeitsverhältnis zueinander
verhielten. Geschieht nämlich das Abschneiden der Belichtung vor

Intensität des Lichtreizes	Zeit bis zur Erreichung des Maximums der Empfindung.
1	0,287 sec.
2	0,246 sec.
4	0,200 sec.
8	0,151 sec.

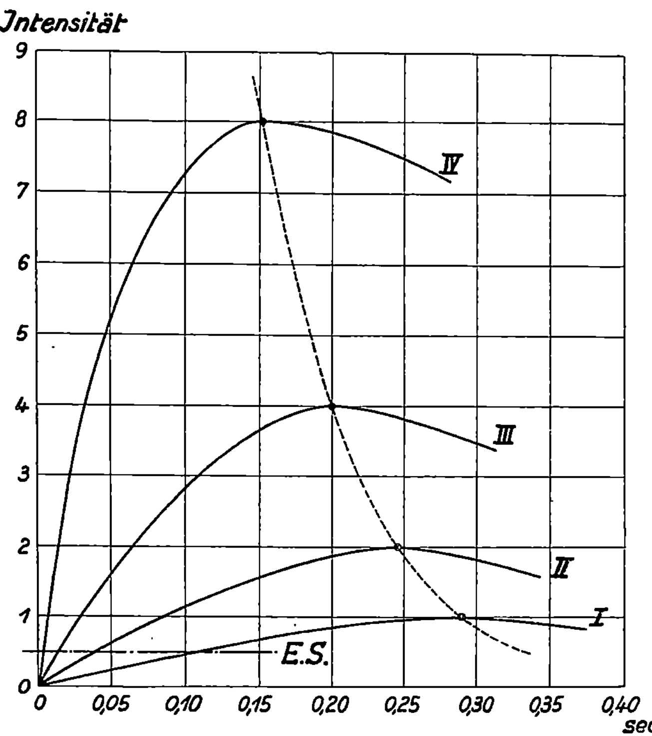

Abb. 9 a. Abhängigkeit der Lage des Maximums der Empfindung
von der Intensität des Lichtreizes (nach Sigm. Exner).

dem Maximum der Empfindung (z. B. in t_1 in Abb. 9), so erscheint
im Nachbild das Viereck I heller als seine Umgebung. Geschieht es
in der Nähe des Maximums (z. B. bei t_2), so verschwinden im Nachbild
die Umrisse des Vierecks. Unvollkommen ist die Beobachtung II > I,
wenn das Abschneiden hinter dem Maximum (bei t_3) stattfindet,
einmal deshalb, weil hier die beiden Nachbildkurven sehr nahe bei-

einander stehen, dann aber auch aus Gründen, die in der erst später erforschten Form dieser Nachbildkurven liegen. Ich komme hierauf noch näher zurück.

Exner hat diese Anstiegkurven der Lichtempfindung dann noch für verschieden starke Lichtreize untersucht und gefunden, daß sie nicht allein verschieden schnell ansteigen, sondern daß auch die Zeit zwischen dem Einsetzen eines Lichtreizes und dem zugehörigen Maximum der Empfindung mit zunehmender Stärke des Lichtreizes immer kleiner wird, insonderheit für die untersuchten Intensitäten 1, 2, 4 und 8 abnimmt von 0,28 bis 0,15 Sekunden (siehe Abb. 9 a).

So große Zeitunterschiede kommen bei unserem obigen Experiment der „kreisenden Marke" allerdings nicht vor. Denn nach den Versuchen in Abb. 8 haben wir für den Zeitunterschied der Perzeptionen im verdunkelten und nicht verdunkelten Auge Werte gefunden, die nur wenige Hundertstelsekunden betragen. Wir müssen daher annehmen, daß bei dem seinen Ort auf der Netzhaut beständig ändernden Lichtreiz nicht das Empfindungsmaximum, sondern die Empfindungsschwelle — in der Höhenlage etwa so, wie sie in Abb. 9 a durch die horizontale Gerade *E.S.* angedeutet ist — für das Zustandekommen der „kreisenden Marke" maßgebend ist. Daß das Überschreiten der Empfindungsschwelle je nach der Stärke des Lichtreizes zu verschiedenen Zeiten erfolgt, ergibt sich aus dem verschiedenartigen Anstieg der Kurven in Abb. 9 a von selbst.

9. Das Ausklingen des positiven Nachbildes eines nur kurze Zeit andauernden Lichtreizes.

Nach neueren Untersuchungen — ich verweise dieserhalb insonderheit auf die Ausführungen von Prof. F. W. Fröhlich-Bonn in „Grundzüge einer Lehre vom Licht- und Farbensinn", Jena 1921 — hat sich nämlich herausgestellt, daß das Nachklingen eines nur kurze Zeit andauernden Lichtreizes nicht so, wie die punktierten Kurven in Abb. 9 anzeigen, sondern in einer wellenförmigen Kurve vor sich geht, die große Ähnlichkeit hat mit dem in den Gleitflug übergehenden Sturzflug eines Fliegers. Der Verlauf richtet sich im einzelnen, ob mit einer oder mehreren Nachbildphasen, nach der Dauer, der Intensität und der Farbe der Belichtung, vor allem aber auch nach dem Adaptionszustand des Auges und anderen Dingen. Im allgemeinen sind die Erscheinungen nur wenig bekannt. Es kommt das daher, weil die positiven Nachbilder, die den nur kurze Zeit andauernden Lichtreizen unmittelbar nachfolgen, am Tage sehr viel schwerer zu beobachten sind als die durch länger andauernde starke Lichtreize hervorgerufenen negativen Nachbilder. Ich will daher einen einfachen Versuch angeben, der das positive Nachbild eines nur kurze Zeit andauernden Lichtreizes und die Art seines Abklingens bequem und in größter Deutlichkeit zu beobachten gestattet.

Die beste Zeit hierfür ist die Stunde vor der Morgendämmerung. Man bleibt im Bett liegen und richtet sich nur so weit auf, daß man mit dem ausgestreckten Arm die auf dem Nachttischchen stehende elektrische Lampe erreichen kann. Die Hauptsache für das Gelingen des Versuches ist, daß man eine bestimmte dem Licht ausgesetzte Stelle des Bettuches schon vor dem Anzünden der Lampe ins Auge faßt und nicht erst nachher aufsucht, da durch das Umherirren der Blickrichtung während der Belichtung mehrere sich gegenseitig störende Nachbilder entstehen. Aus demselben Grunde macht man den Versuch auch nicht mit beiden Augen gleichzeitig, sondern hält ein Auge mit der Hand geschlossen. Unter diesen Vorsichtsmaßregeln zündet man die Lampe an und löscht sie gleich wieder aus. Auch kann man den Versuch in der Weise machen, daß man die Lampe brennen läßt, beide Augen eine Zeitlang mit den Händen zudeckt — die Augen immer offen gehalten — und dann für einen Moment ein Auge freigibt. Beschränkt man die Belichtung auf eine tunlichst kurze Zeit, so nimmt die Helligkeitsempfindung den bereits oben erwähnten und in Abb. 10 durch die ausgezogene Kurve angedeuteten Verlauf. Dem ersten Helligkeitsmaximum folgt nach etwa 1 Sekunde ein zweites, das von dem ersten durch einen dunklen Zwischenraum getrennt erscheint[1]. Manchmal habe ich

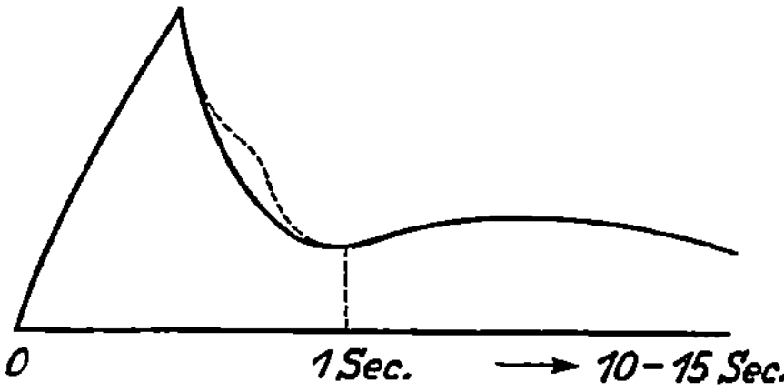

Abb. 10. Das Ausklingen des positiven Nachbildes. Auf die relative Höhe der einzelnen Ordinaten dieser Kurve ist bei Anfertigung der Kurve kein Gewicht gelegt worden. Nach den Untersuchungen von C. v Heß geht das Minimum der Empfindung noch unter die Abszissenachse herab, entsprechend dem im Text angegebenen dunklen Zwischenraum zwischen den beiden Maximalwerten der Empfindung.

---

[1] Man kann die zeitlich aufeinander folgenden Nachbilder auch räumlich nebeneinander legen, und zwar dadurch, daß man den Lichtreiz auf der Netzhaut seinen Ort schnell sich verändern läßt. So sieht man z. B. bei der Projektion der sich drehenden Scheibe (Abb. 3) die Nachbilder wie kleine Fähnchen unmittelbar hinter den Markenspitzen herlaufen. Die erste Phase eines solchen Nachbildes kann unter besonderen Umständen sogar ein dem ersten nahezu gleichwertiges zweites Bild des Gegenstandes hervorrufen. Das ist z. B. der Fall bei einem Versuch, den E. Hering in Pflügers Archiv 26, S. 604, 1909, veröffentlicht hat. Es werden zwei

aber auch den Eindruck, als erfolge der Abfall der Empfindung nach der in Abb. 10 punktiert· gekennzeichneten Kurve. Das letzte Helligkeitsmaximum klingt dagegen sehr langsam und gleichmäßig aus, wobei nur zu beachten ist, daß während der ganzen bis zu 15 Sekunden dauernden Erscheinung die Blickrichtung unverändert festgehalten wird und das Auge offen bleibt. Auch gilt diese im Verhältnis zur Belichtungszeit sehr lange Dauer des Nachbildes nur für vollständige Dunkelheit des Zimmers. Legt man bei Beginn der Morgendämmerung gleich nach der Belichtung einen dunklen Gegenstand, z. B. einen Bleistift, auf das Bettuch, so sieht man von dem Bleistift zunächst nichts, er wird erst nach einiger Zeit sichtbar. Diese Zeit nimmt mit der Helligkeit der Morgendämmerung immer mehr ab. Vielleicht läßt sich dieses Verfahren, entsprechend ausgebildet, für die Photometrie schwacher Lichterscheinungen verwerten.

Die beiden Hauptempfindungsmaxima in Abb. 10 unterscheiden sich, abgesehen von ihrem Verlauf, auch noch in anderer Beziehung. Wenn man nämlich den Versuch, in angemessenen Ruhepausen natürlich, öfters wiederholt, so merkt man bald, daß die beiden Maxima verschieden gefärbt sind. Das erste Maxima hat die natürliche Farbe, die man auch bei Dauerbelichtung beobachtet, das zweite und das ganze Nachbild ist weiß, ohne irgendwelche Färbung. Mache ich den Versuch mit einem grünen oder roten Glase, das ich schon vor der Belichtung vor das Auge halte, so habe ich die Empfindung der Farbe nur für die kurze Dauer des ersten Helligkeitsmaximums. Das langandauernde Nachbild ist auch hier weiß, ohne irgendeine Andeutung der Farbe. Dieser Farbenunterschied erweckt unwillkürlich den Verdacht, als habe man es hier mit zwei nebeneinander herlaufenden Empfindungen zu tun, von denen die eine durch die Erregung der farbentüchtigen Zapfen der Netzhaut, die andere durch die Erregung der farbenuntüchtigen Stäbchen hervorgerufen wird. Ob das wirklich so ist, vermag ich nicht zu beurteilen. Nach Fröhlich (l. c.) spielen bei diesen Vorgängen die Reflexwirkungen des Zentralnervensystems eine große Rolle [1]).

---

in festem Abstand voneinander befindliche Nadeln seitwärts mit einer solchen Geschwindigkeit bewegt, daß das Nachbild der ersten Nadel mit dem primären Bild der zweiten Nadel zusammenfällt. Hierbei wird dann das Nachbild der zweiten Nadel so verstärkt, daß es wie eine dritte Nadel erscheint.

[1]) Herr Geheimrat v. Heß-München, dem ich bei Gelegenheit der Ophthalmologentagung (vom 8. bis 10. Juni d. J.) in Jena über den Inhalt des vorliegenden Aufsatzes referierte und die Erscheinung der „kreisenden Marke" vorführte, die er übrigens ausgezeichnet zu sehen imstande war, hatte die große Freundlichkeit, mir mehrere seiner Arbeiten zukommen zu lassen, in denen das Abklingen der Erregung im Sehorgan in ausführlicher

10. Die bisherigen Schwierigkeiten beim Vergleich der Helligkeiten zweier Farben.

Nach derselben Methode wie S. Exner hat später A. Kunkel (Pflügers Archiv 9, S. 197, 1874) versucht, die Zeiten zu bestimmen, welche die verschiedenen Teile des prismatischen Spektrums brauchen, um zum Maximum der Empfindung zu gelangen. Auch er fand, daß für die von ihm benutzten Spektralbezirke „Blau", „Grün" und „Rot" das Empfindungsmaximum bei einem stärkeren Reiz — größere Spaltbreite des Spektralapparates — schneller erreicht wird als bei einem schwächeren. Nur waren in Anbetracht des Umstandes, daß als Lichtquelle nicht wie bei Exner durch Gasflammen erhellte Scheiben, die mit weißem Papier überzogen waren, benutzt wurden, sondern das spektralzerlegte sehr viel hellere Licht der Petroleumflamme, die Anstiegzeiten erheblich kleiner als bei Exner, nämlich für Blau 0,102 sec., für Grün 0,097 sec. und für Rot 0,057 sec.; gegenüber 0,15 bis 0,28 sec. bei Exner. Weiter hat die Arbeit keinen Wert. Denn sie besagt einmal nichts über die mittlere Wellenlänge der benutzten Spektralbezirke — es wurde nämlich immer aus dem Gedächtnis auf den gleichen Farbenton eingestellt (!) —, dann aber auch nichts zur Beantwortung der Frage, ob und inwieweit an den Anstiegzeiten die Farbe oder die Helligkeit des Spektralbezirkes beteiligt ist. Nach unseren weiter unten dargelegten Beobachtungen mit dem Stereospektralphotometer scheidet die Farbe als Ursache für die Verschiedenheit der Anstiegzeiten ganz aus, und wir haben darin nur die Auswirkung der in den einzelnen Spektralbezirken herrschenden Helligkeiten zu erblicken. Daß von den drei obigen Zahlen die für Blau größer ist als die für Grün, ist verständlich, da beide Farben auf derselben Seite des Maximums der Helligkeit liegen und Blau von dem Maximum weiter entfernt und daher weniger hell ist als Grün. Der angegebene Wert aber für den Spektralbezirk Rot, der auf der anderen Seite des Maximums der Intensitätskurve liegt, hätte ebensogut gleich dem für Grün oder größer sein können. Daß er kleiner ist, ist ein Beweis dafür, daß der von Kunkel benutzte Spektralbezirk Rot sehr viel näher am Helligkeitsmaximum lag als der von ihm benutzte Spektralbezirk Grün.

———

Weise behandelt ist. In diesen im Archiv für Physiologie erschienenen Aufsätzen hat Herr v. Heß die Voraussetzungen über die Art des Abklingens und die Art der Übereinanderlagerung der einzelnen Empfindungen, von welchen Voraussetzungen Sigmund Exner bei seinen oben beschriebenen Versuchen ausging, als unhaltbar bezeichnet. Eine zusammenfassende Darstellung dieser Dinge mit Literaturangaben findet sich in der soeben erschienenen Schrift: C. v. Heß, Farbenlehre, München 1922.

Kunkel hat dann noch versucht, seine Messungen auf Spektralfarben von angeblich gleicher Helligkeit zu reduzieren. Da aber hierzu ganz willkürliche Annahmen gemacht werden aus Mangel an einem festen Anhalt für die Anerkennung der Gleichheit der Helligkeit verschiedenfarbiger Lichter, so ist dieses Unternehmen als gescheitert anzusehen.

Die Schwierigkeiten beim Vergleich der Helligkeiten zweier Farben sind ja außerordentlich groß, und es ist allen bisher hierfür angegebenen Methoden nicht gelungen, sie zu überwinden. Fraunhofer und Arthur König haben versucht, allein durch subjektiven Vergleich der Farben untereinander bzw. der einzelnen Farben mit weißem Licht die Helligkeitsverteilung im Sonnenspektrum zu ermitteln. Die Resultate sind sehr wenig übereinstimmend. Helmholtz hat in seiner Physiolog. Optik, 2. Aufl., S. 440 u. ff. wiederholt erklärt, daß er sich ein Urteil über Gleichheit heterochromer Helligkeiten nicht zutraue. „Für mich selbst“, sagt Helmholtz, „habe ich durchaus den sinnlichen Eindruck, daß es sich bei heterochromen Helligkeitsvergleichungen nicht um Vergleichungen einer Größe, sondern um das Zusammenwirken von zweien, Helligkeit und Farbenglut, handelt, für die ich keine einfache Summe zu bilden weiß, und die ich auch wissenschaftlich noch nicht definieren kann.“

Daß wir es hierbei in der Tat mit zwei voneinander gänzlich verschiedenen Empfindungen zu tun haben, beweist schon allein der Umstand, daß für den Fall der Farbenblindheit immer noch die andere Empfindung, die der Helligkeit, fortbesteht. Im übrigen trifft der von Helmholtz angewandte Ausdruck Farbenglut nicht für alle Farben zu. Rot und Gelb nennt man bekanntlich warme Farben, Grün und Blau kalte Farben, und jedermann weiß, daß eine Landschaft, selbst bei trübem Wetter, durch ein gelbes oder rotes Glas gesehen geradezu aufleuchtet, während eine Landschaft, selbst bei Sonnenbeleuchtung, durch ein grünes oder blaues Glas betrachtet einen kalten Eindruck hervorruft. Es ist daher begreiflich, daß man im allgemeinen versucht ist, rote und gelbe Farben als heller und grüne und blaue als weniger hell anzusehen, als sie in Wirklichkeit sind. Ich komme auf diesen Unterschied in den Schlußbemerkungen zu dieser Schrift noch einmal zurück.

Ich will über die anderen für den Vergleich heterochromer Helligkeiten angegebenen Methoden nur kurz hinweggehen, da sie in Wirklichkeit nur Notbehelfe oder Umgehungen der Aufgabe darstellen. Dahin gehören die Sehschärfenmethode, die Messung der Pupillenweite, die Benutzung der stark exzentrisch gelegenen Teile der Netzhaut, in denen die farbentüchtigen Empfindungselemente fehlen, ferner die Vergleichung der Helligkeiten im Dämmersehen an der unteren

Grenze der Lichtstärke, wo mit den Farben ihre Verschiedenheit verschwindet, und endlich die Verwendung von Farbenblinden. Vielleicht die beste unter allen bisher für die Zwecke der heterochromen Photometrie benutzten Methoden ist die sog. Flimmermethode: Es werden die miteinander zu vergleichenden heterochromen Helligkeiten in schnellem Wechsel dem Auge zugeführt, und man ändert die eine der beiden Helligkeiten so lange ab, bis ein Minimum des Flimmerns eintritt. Auch gegen diese Methode lassen sich mancherlei Bedenken geltend machen, und die mit ihr erhaltenen Resultate sind im allgemeinen wenig zuverlässig. Doch ist ihr die innere Berechtigung nicht abzusprechen, wie ein Blick auf die nebenstehende Abb. 11 zu erkennen gibt. Als Abszisse ist die Zeit und als Ordinaten sind die durch die periodisch wiederkehrenden Belichtungen hervorgerufenen Empfindungen aufgetragen. In der oberen Figur ist angenommen, daß die miteinander verglichenen heterochromen Helligkeiten verschieden ($II < I$), in der unteren, daß sie gleich groß seien. Wie die Übereinanderlagerung der Empfindungen in ihrem Anstieg und in ihren Nachbildern sich vollzieht, sei dahingestellt. Jedenfalls bringt die Herbeiführung gleicher

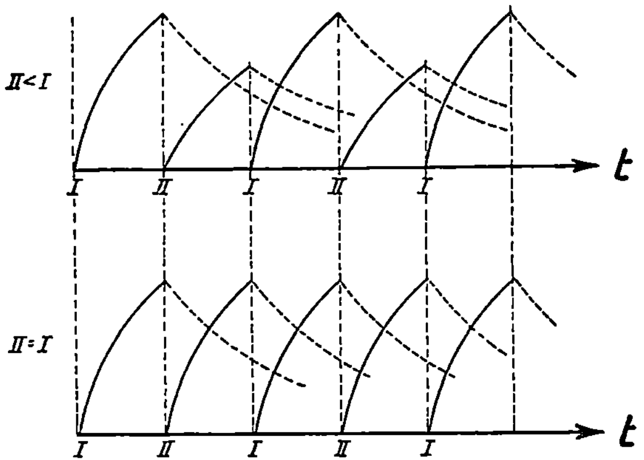

Abb. 11. Verlauf der Empfindungen bei einem periodischen Wechsel zweier Helligkeiten *I* und *II* (Flimmerverfahren).

Helligkeiten die sämtlichen Empfindungsmaxima auf die gleiche Höhe und reduziert die Zeit zwischen zwei aufeinander folgenden gleichgroßen Maximis — entsprechend der Einstellung auf das Minimum des Flimmerns — auf die Hälfte.

Im übrigen stimme ich mit manchem Physiker und manchem Physiologen darin überein, wenn ich sage, daß es eine eigentliche Photometrie heterochromer Lichter bisher nicht gegeben hat. Was uns fehlt, sagt Herr v. Kries, der Herausgeber des dritten Bandes der dritten Auflage von Helmholtz, Physiolog. Optik, ist eine Methode, bei der die Beurteilung der Gleichheit zweier heterochromer Helligkeiten sich gründet auf ein bestimmtes physiologisches Element. Solange das nicht gefunden, sei man nicht berechtigt, zwei heterochrome Helligkeiten als gleich hell anzusehen.

11. Die Zeitdifferenz der beiden Empfindungen bildet den Anhalt für den Vergleich und die Messung heterochromer Helligkeiten.

Das am Ende des vorigen Abschnittes erwähnte physiologische Element, welches die Lösung der Aufgabe bringen soll, ist, wie mir scheint, jetzt gefunden. Denn das Kreisen der Marke tritt auch ein, wenn man, wie bereits oben erwähnt wurde, ein Farbfilter von beliebiger Färbung an Stelle des Rauchglases vor ein Auge hält. Alle solche Farbfilter halten von dem auffallenden weißen Licht einen bestimmten Teil zurück, so daß das hindurchgegangene Licht unter allen Umständen schwächer ist als das auffallende. Es ist daher nach den bisherigen Darlegungen ganz natürlich, daß das so geschwächte Licht längere Zeit braucht, um zur Perzeption zu gelangen, als das ungeschwächte, und ferner, daß diese Verzögerung der Perzeption den gleichen Stereoeffekt hervorbringt, wie wir ihn an Rauchgläsern beobachtet und in seinem Entstehen durch Abb. 5 veranschaulicht haben. Es steht daher auch gar nichts im Wege, nach diesem Verfahren zwei verschiedene Farbfilter nach dem Grade ihrer Durchlässigkeit miteinander zu vergleichen, indem man das eine vor das eine Auge und das andere vor das andere Auge hält. Die Beobachtung der kreisenden Marke entscheidet dann sofort nach Größe und Vorzeichen über den Helligkeitsunterschied der beiden Farbfilter.

Wir gelangen also damit zu der folgenden Definition gleicher Helligkeiten: Wir bezeichnen die Helligkeiten zweier Farben als gleich, wenn die Zeit zwischen Erregung und Empfindung für beide Farben gleich groß ist, und erkennen diese Gleichheit daran, daß in dem Augenblick, in dem die als kreisende Marke der Beobachtung zugänglich gemachte Zeitdifferenz der beiden Empfindungen verschwindet, die kreisende Bewegung in eine geradlinige übergeht. Das ist eine Definition, die für weiße und isochrome Lichter keiner Begründung bedarf. Denn sie gibt nur das wieder, was die Tatsachen besagen. Indem wir dieselbe Definition auch auf heterochrome Lichter ausdehnen, sind wir uns bewußt, damit eine Art Extrapolation zu begehen, die man nicht beweisen, aber auch nicht widerlegen kann. Jedenfalls ist sie in erster Annäherung richtig, und spätere Untersuchungen mögen darüber entscheiden, wie weit diese Annäherung reicht. Einstweilen begnügen wir uns damit, denn wir haben so für alle Lichter, isochrome und heterochrome, eine einheitliche Definition, einen einheitlichen Vergleichsmaßstab und den großen praktischen Vorteil, damit ein ganz erhebliches Stück weiter zu kommen, als bisher möglich war.

Das Meßprinzip, das wir den im zweiten Teil dieser Abhandlung zu

besprechenden Konstruktionen von Stereophotometern zugrunde zu
legen haben, besteht also darin, daß wir den bei ungleichen Helligkeiten
auftretenden scheinbaren Tiefenunterschied zwischen der bewegten und der ruhenden Marke durch Herbeiführung gleicher Helligkeiten zum Verschwinden bringen. In der Stereoskopie ist es
nicht anders als in der Photometrie. Die wahre Größe des Tiefenabstandes zweier Körper können wir im stereoskopischen Sehen ebensowenig angeben wie beim Anblick von zwei verschieden hellen Flächen
den Helligkeitsunterschied. Wir können nur angeben, welcher der
beiden Körper weiter entfernt ist, und welche der beiden Helligkeiten
die größere ist. Wohl aber können wir mit größter Sicherheit auf das
Verschwinden des Tiefenunterschiedes und auf das Verschwinden des

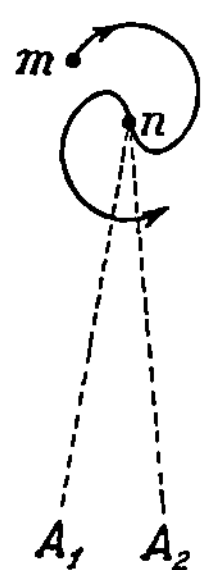

Abb. 12. Die Rechts-
drehung der Marke
geht, wenn die Be-
wegung des Keiles
ohne Unterbrechung
erfolgt, mittels einer
Schleife in die Links-
drehung über.

Helligkeitsunterschiedes einstellen und haben dann
hier wie dort in den Maßeinheiten des zur Einstellung auf Gleichheit benutzten Meßapparates
ein Maß für den Unterschied.

Zur Demonstration des Meßprinzips
machen wir wieder den oben (S. 11) beschriebenen
Versuch mit dem an die Fensterscheibe geklebten
Bleistift und geben dem Beobachter außer dem
auf seine Helligkeit zu untersuchenden Rauch-
oder Farbglas noch einen Rauchkeil in die Hand.
Das Rauchglas lasse man ihn vor das eine, den
Rauchkeil in vertikaler Lage vor das andere Auge
halten, und zwar so, daß das Auge an der dünnsten
Stelle des Rauchkeiles hindurchschaut. Während
man nun den zweiten Bleistift auf der Scheibe hin
und her bewegt, hat der Beobachter den Keil langsam in vertikaler Richtung zu verschieben. Er
wird dann erkennen, daß die anfänglich beobachtete
Kreisbewegung des Stiftes — rechts herum, wenn der Keil vor dem
rechten Auge sich befindet — nach und nach in eine geradlinige
und gleich darauf wieder in eine kreisende, aber mit entgegengesetzter
Bewegungsrichtung, übergeht.

Verschiebt man den Rauchkeil gleichmäßig, ohne an der kritischen
Stelle anzuhalten, so kommt die Erscheinung der Geradlinigkeit der
Bewegung des Stiftes nicht recht zur Geltung. Man beobachtet vielmehr eine Art Schleife, mehr oder weniger übereinstimmend mit dem
in Abb. 12 wiedergegebenen Verlauf. Man muß also, und das ist eine
für alle nach dem Stereo-Verfahren gebauten Photometer wohl zu
beachtende Vorschrift, in der Nähe der kritischen Stelle jedesmal
für einen Augenblick Halt machen und während dieser Zeit die Prüfung
auf Geradlinigkeit vornehmen.

Im Auditorium gibt man tunlichst jedem Zuhörer ein Rauchglas oder ein Farbglas und einen Rauchkeil in die Hand und projiziert mit Hilfe der in Abb. 4 wiedergegebenen Einrichtung das Schattenbild der bewegten und der ruhenden Marke auf den Schirm.

12. Steigerung der Meßgenauigkeit durch eine etwas andere Anordnung der kreisenden Marke.

Wir können den Stereoeffekt, auf dessen Verschwinden einzustellen ist, unter sonst gleichen Umständen auf seinen doppelten Betrag bringen, wenn wir nach einem Vorschlag eines meiner Kollegen im Zeißwerk, des Herrn Dr. Sander, die bisher als ruhend angesehene Marke n

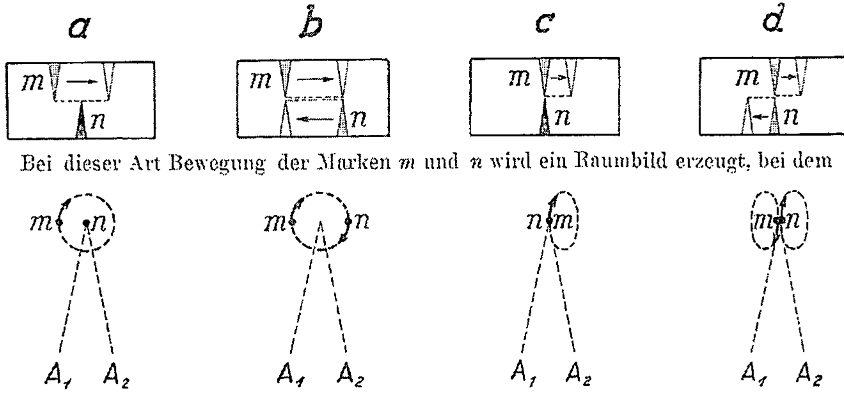

Abb. 13.

ebenfalls hin und her gehen lassen, und zwar derart, daß die Bewegungen von m und n einander entgegengesetzt sind und so erfolgen, daß die Marken sich jedesmal in der Mitte des Gesichtsfeldes begegnen (s. Abb. 13b). Es kreisen dann beide Marken in gleichem Sinne und mit der gleichen Geschwindigkeit um denselben Mittelpunkt, und man hat den sinnlichen Eindruck, als liefen sie mit einem Phasenunterschied eines halben Umlaufs hintereinander her (s. Abb. 13b). In der Mitte des Gesichtsfeldes, da, wo sich die beiden Marken begegnen, gehen die beiden Raumbilder mit einem Tiefenabstand aneinander vorbei, der doppelt so groß ist wie der Tiefenabstand der bewegten Raumbildmarke von der ruhenden (s. Abb. 13a). Für die Messung bedeutet diese Steigerung des Tiefenabstandes somit eine Verdoppelung der Meßgenauigkeit bei gleicher Geschwindigkeit der Bewegung.

Wir benutzen zur Demonstraion dieser Erscheinung denselben Apparat (Abb. 4, S. 10), den wir auch zur Demonstration der kreisenden Marke benutzt haben. Die hierzu dienenden Hilfseinrichtungen wurden bereits früher S. 11 (Fußnote) angegeben.

Über den Vorteil dieser Anordnung gegenüber der bisherigen sind sich die Beobachter, die ich um ihr Urteil gefragt habe, ebensowenig wie über die Größe der Ausschläge, die man der kreisenden Marke durch Veränderung des Radius r der Drehscheibe zu geben hat, und über die Geschwindigkeit der Bewegung einig. Einer dieser Beobachter hat mir erklärt, daß er glaube, am besten einstellen zu können, wenn man die Marke n ganz in Wegfall bringt.

Herr Geheimrat Haber, dem ich eines der ersten Versuchsinstrumente mit einer ruhenden und einer bewegten Marke für die vom ihm beabsichtigte Untersuchung kolloidaler Lösungen zur Verfügung gestallt hatte, hat mir nach mehrmonatiger Beschäftigung mit dem Apparat den Vorschlag gemacht, die bewegte Marke m nicht um die ruhende n, sondern um einen seitwärts gelegenen Punkt kreisen zu lassen (siehe Abb. 13c), dessen Abstand von der Marke n gleich ist dem Radius der Drehscheibe. In solchem Falle hat dann die Marke m — man vergleiche auch den in Abb. 7 S. 17 angegebenen Verlauf der Kurven gleicher Zeitparallaxen — in dem Augenblick, in dem sie an der feststehenden Marke n vorbeikommt, die größte Beschleunigung nach der Tiefe. Die Beobachtung sei sehr viel bequemer, was mir auch von anderen Beobachtern bestätigt wird. Mir scheint das auch ganz begreiflich, denn jetzt hat die Marke m in der Zeit, in der sie sich der Marke n nähert und von ihr sich wieder entfernt, im Raumbild also an ihr in der Blickrichtung nach der Tiefe vorbeifliegt, nur eine geringe seitliche Bewegung, ganz im Gegensatz zu der tiefsten Lage der kreisenden Marke, wo die Änderung des Tiefenunterschiedes gegen die feststehende Marke gering, die seitliche Verschiebung senkrecht zur Blickrichtung aber sehr groß ist. Wir können also jetzt eine sehr viel größere Geschwindigkeit in der Bewegung der kreisenden Marke und auch einen sehr viel größeren Radius der Kreisbewegung anwenden als vorher, ohne daß die an n vorbeifliegende Marke m aufhört, erkennbar zu sein, so wie das bei der früheren Beobachtungsmethode der Fall ist, wenn die Geschwindigkeit ein gewisses Maß überschreitet (vgl. die Bemerkungen über die am Stereokomparator vorgenommenen Messungen S. 20).

Ich möchte hier noch auf einen anderen sehr wichtigen Vorteil dieser Anordnung aufmerksam machen. Die beiden früheren durch Abb. 13a und b gekennzeichneten Anordnungen verlangen nämlich ein für den ganzen Verlauf der kreisenden Marken tunlichst gleichmäßig beleuchtetes Gesichtsfeld, was bei den weiter unten zu besprechenden

Stereophotometern nicht immer leicht zu erreichen ist. Denn bei dem Kreisen der Marken achtet man weniger auf einzelne Teile der Kreisbahn als vielmehr auf den Gesamteindruck. Jetzt ist das anders, da die Aufmerksamkeit des Beobachters ausschließlich auf den Teil des Gesichtsfeldes gerichtet ist, wo die Marke m an der feststehenden n in der Blickrichtung vorbeifliegt. Daß man diesen Teil in die Mitte des Gesichtsfeldes legt, ist selbstverständlich, es steht auch nichts im Wege, ihn durch Abblendung der übrigen Teile zu isolieren.

Man kann sogar in Verfolgung dieser Methode noch einen Schritt weiter gehen, indem man auch hier die ruhende Marke n in Bewegung setzt, aber so, daß m und n aufeinander zulaufen und in dem Moment, in dem sie sich treffen, oder kurz vorher oder kurz nachher wieder auseinnadergehen (s. Abb. 13d). Es entstehen dann wieder zwei in gleicher Richtung kreisende Raumbilder, die aber, sofern der Abstand der beiden Kreismittelpunkte gleich ist dem doppelten Radius der Drehscheibe, in dem Moment der Begegnung die entgegengesetzte Bewegungsrichtung nach der Tiefe haben. Der Erfolg dieser Anordnung ist also eine noch weitergehende Steigerung der Meßgenauigkeit.

Die Vorführung auch dieser Erscheinungen auf dem Projektionsschirm mit Hilfe des Apparates in Abb. 4 begegnet keinerlei Schwierigkeiten.

Ich habe oben auf Seite 11 ein einfaches Experiment beschrieben, wie man auch ohne Projektionsapparat allein mit zwei Bleistiften das Kreisen der Marke zeigen kann. In gleicher Weise lassen sich auch die übrigen Erscheinungen vorführen. Insonderheit bei 13c kehrt man in der Bewegung des hin und her gehenden Bleistiftes jedesmal bei dem an der Fensterscheibe befestigten Bleistift um. Bei der Vorführung der Erscheinungen 13b und 13d nimmt man in jede Hand einen Bleistift, hält sie nebeneinander in gleicher Höhe und bewegt sie über- und gegeneinander, wie in der Abb. 13 angegeben.

13. Auswahl geeigneter Beobachter.

Die stereophotometrische Methode stellt an den Beobachter Anforderungen, die den bisherigen photometrischen Methoden völlig fremd sind. Der Beobachter muß nicht allein stereoskopisch sehen können, was ja bei der Mehrzahl der Menschen der Fall ist, er muß auch gut stereoskopisch sehen können, wenn er an Genauigkeit das aus der Methode herausholen will, was sie zu leisten imstande ist. Wer daher nicht über ein gutes stereoskopisches Sehvermögen verfügt, hat wenig Aussicht, mit den Stereophotometern Ersprießliches zu leisten. Er wird es auch nie lernen, die Übung kann ihm nicht ersetzen, was ihm die Natur versagt hat.

Der Verwendung eines Beobachters zu stereophotometrischen Messungen sollte daher eine eingehende Prüfung desselben an der Hand der von mir im Jahre 1908 entworfenen Prüfungstafel für stereoskopisches Sehen (Meß 204) — mit Schlüssel und Stereoskop zu beziehen von Carl Zeiß, Jena — vorangehen, mit dieser Prüfungstafel deshalb, weil sie für die Beurteilung der Fähigkeit des Beobachters im stereoskopischen Sehen einen genauen ziffernmäßigen Anhalt bietet. Jedenfalls sollte man bei der Veröffentlichung von Messungsergebnissen und von Genauigkeitsangaben für die vorliegende Methode niemals unterlassen, auch über das Ergebnis dieser Prüfung zu berichten.

Die richtige Bewertung eines Beobachters für stereophotometrische Messungen ist deshalb von besonderer Bedeutung, weil ein an der Hand der Prüfungstafel festgestellter Defekt des Beobachters im stereoskopischen Sehen in der Regel auf einem Unterschied im Sehvermögen der beiden Augen beruht. In solchen Fällen hat dann das schwächere Auge nicht nur eine geringere Sehschärfe, es ermüdet auch schneller, was dann zur Folge hat, daß die Perzeption eines Lichteindrucks in diesem Auge längere Zeit in Anspruch nimmt als in dem anderen Auge. Man braucht sich daher nicht darüber zu verwundern, wenn ein Beobachter, der mit einem solchen Unterschied der beiden Augen behaftet ist, entweder sofort oder erst nach einiger Zeit ein Kreisen der Marke auch dann wahrnimmt, wenn die Helligkeiten für beide Augen genau gleich sind. Ich habe auf solche Fälle bereits früher (S. 12) hingewiesen. Gewiß können auch solche Beobachter mit zu Messungen herangezogen werden unter Beachtung der Vorschrift natürlich, daß man das zu messende Objekt einmal vor das rechte und dann vor das linke Auge setzt und aus den Messungen das Mittel bildet. Aber besser ist, nur solche Personen zu verwenden, die auch die letzten Feinheiten der Prüfungstafel zu erkennen vermögen, da bei diesen Personen jeder Verdacht einer ungleichen Perzeption und einer ungleichen Ermüdung ausgeschlossen ist.

Es ist mir am 10. März d. J. nach einem vor der „Physikalisch-technischen" und der „Beleuchtungstechnischen Gesellschaft" in Berlin gehaltenen Vortrage über den vorliegenden Gegenstand von einem der Herren Diskussionsredner entgegengehalten worden, daß der neuen Methode doch wohl ein gewisses persönliches Moment anhafte, das es zweifelhaft erscheinen lasse, daß verschiedene Beobachter übereinstimmende Resultate erhalten. Das ist sicher so, aber daran ist nicht die Methode, sondern der Beobachter selbst schuld. Tatsächlich sind bisher alle Abweichungen zwischen den Angaben verschiedener Personen bei der Messung eines und desselben Helligkeitsunterschiedes auf Defekte im stereoskopischen Sehvermögen des einen oder des anderen Beobachters zurückzuführen gewesen, während die Angaben derjenigen

Personen, die ein vollwertiges stereoskopisches Sehvermögen besitzen, unter sich innerhalb der zulässigen Beobachtungsfehler übereinstimmen. Es entspricht das nicht nur meinen Erfahrungen allein. Herr Geheimrat Haber hat sich bei Gelegenheit der vorerwähnten Diskussion in genau dem gleichen Sinne ausgesprochen. Sein Urteil gründet sich auf die Messungen, die er, sein Assistent Herr F. Matthias und einige andere Herren vom Kaiser-Wilhelm-Institut mit dem ersten im vorigen Herbst provisorisch zusammengestellten Versuchsinstrument ausgeführt haben. Inzwischen hat das Institut einen anderen Apparat in wesentlich besserer Ausführung erhalten, und Herr Matthias berichtet über die mit diesem Apparat gemachten Erfahrungen in einem an mich gerichteten Schreiben vom 16. April d. J. wie folgt: „Es haben außer mir auch andere Herren des Instituts gute Resultate mit dem neuen Photometer erzielt. Als besonders erfreulich kann ich die Tatsache mitteilen, daß die Meßergebnisse von drei Beobachtern auf durchschnittlich 2 % übereinstimmen. Die Empfindlichkeit steigt mit der Übung. Herren, die noch niemals mit dem Apparat gearbeitet haben, erreichen eine Genauigkeit von 6—8 %, nach einiger Übung stieg sie auf 2—3 %. Die Ermüdungserscheinungen, die sich früher so lästig bemerkbar machten, treten bei dem neuen Apparat nicht mehr in die Erscheinung.“

Z w e i t e r   T e i l.

Anwendungen der neuen Methode.

Wenn ich jetzt dazu übergehe, über Apparate zu berichten, die im letzten Jahre auf Grund der neuen Methode hergestellt wurden, so bitte ich vor allem, diese Apparate als das anzusehen, was sie gewesen sind, nämlich Versuchsinstrumente, die nach Skizzen von mir in der der Meßabteilung der Firma angeschlossenen Lehrlings- und Versuchsabteilung unter der Leitung des Herrn Werkführers A. Angelroth zur Ausführung gelangten. Sie genügten für den Zweck, für den sie bestimmt waren, aber in ihrer äußeren Aufmachung entsprechen sie nicht den Anforderungen, die man an die katalogmäßigen Instrumente der Firma Carl Zeiß zu stellen gewohnt ist. Bei den nunmehr definitiv zu bauenden Stereophotometern werden natürlich auch diese mehr äußerlichen Mängel der Instrumente in Wegfall kommen.

Ich werde über nur wenige Messungsreihen zu berichten haben, einmal deshalb, weil ich selbst nicht in der Lage war und bin, mit den Instrumenten zu arbeiten, dann aber auch deshalb, weil die von anderen Personen auf meinen Wunsch hin ausgeführten Versuche meist nur zu dem Zwecke unternommen wurden, die Erscheinungen kennen zu lernen, die getroffenen Einrichtungen praktisch zu erproben, und um einen Fingerzeig zu erhalten, ob und welche Verbesserungen an den Instrumenten noch anzubringen waren. Die eigentliche Verwertung der Instrumente zu Untersuchungen, wo diese die Hauptsache sind, muß anderen überlassen bleiben.

14. Apparate für spektralunzerlegtes Licht, bei denen die Projektionsbilder der Marken oder diese selbst beidäugig betrachtet werden.

Wir können mit der Konstruktion eines Stereophotometers an den oben S. 38 beschriebenen Versuch zur Demonstration des Meßverfahrens gleich anknüpfen, indem wir den Rauchkeil in eine Metallhülse von der doppelten Länge des Rauchkeiles setzen und seine

Fassung mit Zahn und Trieb, einer Millimeterteilung und einem Index
versehen. Die in der Mitte der Hülse angebrachte Durchblicksöffnung
bedecken wir mit einem zweiten feststehenden Rauchkeil von dem
gleichen, aber entgegengesetzt gerichteten Keilwinkel und erzielen so
in allen Lagen des Keiles für das Fenster eine gleichmäßige Verdunkelung. Auf der dem Trieb gegenüberliegenden Seite der Hülse bringen
wir in gleicher Höhe mit dem Fenster die Hälfte einer Untersuchungsbrille an, wie sie der Augenarzt benutzt, nur mit dem Unterschied,
daß die Halbbrille vorn
und hinten mit je einem
Halter für Einsteckgläser
versehen ist. In den einen
Halter bringt man ein Rauchglas, dessen Absorptionskraft
nur wenig stärker ist als die
des Rauchkeiles an seiner
dünnsten Stelle, und erzielt
damit für die Nullstellung
des Apparates eine Ablesung,
die zwar nicht vollkommen
mit dem Nullpunkt der
Millimeterteilung zusammenfällt, aber doch innerhalb der
Teilung zu liegen kommt.

In den anderen Halter
steckt man das zu unter-
suchende Rauch- oder Farbglas. So entsteht ein für
den Gebrauch in Augen-
kliniken geeignetes Stereophotometer für den
Handgebrauch (Abb. 14),
das in Verbindung mit einer

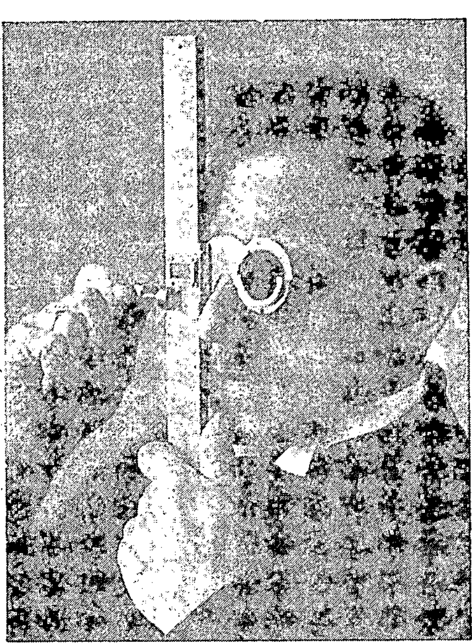

Abb. 14. Ein für den Gebrauch in Augen-
kliniken bestimmtes Stereophotometer für den
Handgebrauch.

der beiden Projektionseinrichtungen (siehe Abb. 3 und 4) dem
Ophthalmologen die Möglichkeit bietet, die farbigen Schutz-
gläser nach der Größe ihrer Helligkeit in die Reihe der Umbral-
gläser einzuordnen. Die Umrechnung der an der Millimeter-
skala abgelesenen Werte in Prozenten der absorbierten Licht-
menge geschieht hierbei zweckmäßig an der Hand einer graphischen
Kurve, die man aus den Angaben des Apparates für eine Anzahl
Umbralgläser von bekannter Absorption ableitet. Dem Wunsche des
Herrn Prof. Stock, Tübingen, entsprechend hat der von Herrn Prof.
Goldberg, Dresden, hergestellte Rauchkeil versuchsweise einen

solchen Keilwinkel erhalten, daß die Angaben des Apparates für ein 80prozentiges Umbralglas nahezu an der dunkelsten Stelle des Rauchkeiles sich befinden. Um auch stärkere Absorptionen messen zu können, ist die Einrichtung getroffen, daß vor der Durchblicksöffnung für den Rauchkeil noch ein Halter angebracht wird, in den ein 80prozentiges Umbralglas eingesetzt werden kann. Der Wertbereich des Keiles wird dadurch auf das Doppelte erhöht; auch kann dieses Verfahren wiederholt werden.

In bezug auf die Klassifizierung der farbigen Gläser in die Reihe der Umbralgläser ist aber zu beachten, daß die für farbige Schutzgläser gefundenen Werte nur gültig sind für das bei der Projektion der bewegten Marke benutzte Licht der Projektionslampe, wegen der etwas anderen spektralen Zusammensetzung nicht auch für Tageslicht und auch für dieses nicht für alle Tageszeiten.

Diese Abhängigkeit von der Helligkeit der Lichtquelle macht sich aber nicht bei allen Farbfiltern in gleicher Weise bemerkbar. Ich habe darüber mit einem weiter unten beschriebenen Photometer Vergleichsmessungen anstellen lassen unter Benutzung einer Osramlampe, deren Leuchtkraft durch Anwendung eines Rheostaten von der Rotglut bis zur Weißglut gesteigert wurde. Hierbei hat sich ergeben, daß das Verhältnis der in Farbfiltern zurückgehaltenen Lichtmenge zur auffallenden bei grünen und blauen Farbgläsern mit zunehmender Helligkeit der Lichtquelle sehr nahe konstant bleibt, während bei roten, gelben und braunen Farbgläsern dasselbe Verhältnis mit zunehmender Helligkeit der Lichtquelle sehr stark zunimmt. Hieraus ergibt sich das für den Augenarzt bemerkenswerte Resultat, daß der durch rote, gelbe und braune Farbgläser ausgeübte relative Schutz der Augen gegen blaues Licht mit zunehmender Helligkeit immer besser zur Geltung kommt. Es erscheint daher angebracht, bei Hochtouren Rotgläser zu verwenden.

Der Apparat kann statt mit einem Rauchkeil auch mit einem Stufenkeil ausgerüstet werden, oder man wählt die Anordnung so, daß man auf einer Drehscheibe einen Ringkeil (nach Prof. Goldberg) oder einen Satz von abgestuften Umbralgläsern am Auge vorbeiführt. Ist ein solcher Satz von losen Umbralgläsern vo handen, so kann auch die Untersuchungsbrille des Augenarztes ohne weiteres als Photometer benutzt werden derart, daß man in die eine Hälfte der Brille das zu untersuchende Farbglas und in die andere Hälfte das Umbralglas steckt und dieses so lange wechselt, bis die größte Annäherung an die Geradlinigkeit der Bewegung erzielt ist.

Für die Messung ist das oben empfohlene Verfahren, die auf den Projektionsschirm geworfenen Bilder der Marken durch das Photometer zu betrachten, besonders deshalb zu empfehlen, weil das von dem Schirm zurückgeworfene Licht infolge des sehr geringen Konvergenzwinkels der Blickrichtungen für beide Augen des Beobachters als gleichhell anzusehen ist, wobei nur vorausgesetzt wird, daß der Beobachter nicht allzuweit seitwärts vom Projektionsapparat sitzt. Am besten setzt sich der Beobachter so, daß er den Projektionsapparat über und hinter sich hat.

Unser früher beschriebenes einfaches Experiment mit dem an die Fensterscheibe geklebten Bleistift eignet sich für genaue Messungen nur wenig, da es infolge des viel größeren Konvergenzwinkels der Blickrichtungen im allgemeinen schwer hält, in beiden Richtungen die gleiche Helligkeit für den Hintergrund zu erhalten.

Jedenfalls ist anzuraten, in allen Fällen jede Messung zweimal, einmal mit dem Rauchkeil links und dann mit dem Rauchkeil rechts, vorzunehmen und durch Mittelbildung etwaige Differenzen in der Beleuchtung links und rechts auszugleichen.

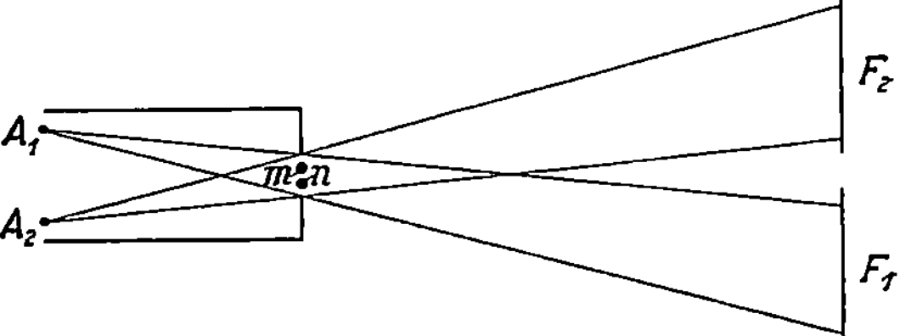

Abb. 15. Stereoskopische Betrachtung der am Ende eines Rohres befindlichen Marken, zum Zwecke des Vergleichs der Helligkeiten zweier Flächen F_1 und F_2.

Eine Anordnung, die mehr für Vergleichsbeobachtungen als für Messungen bestimmt ist, und bei der statt der Projektionsbilder die Marken selbst benutzt werden, besteht darin, daß man mit beiden Augen durch ein 8 cm weites und ca. 30 cm langes Rohr hindurchschaut, an dessen anderem Ende die Marken, diese nach Art der Anordnung in Abb. 4, angebracht sind. Wir verwerten hierbei die durch die Konvergenzstellung der Augenachsen gegebene Strahlenbegrenzung (siehe Abb. 15) in derselben Weise, wie man mit über Kreuz gestellen Blickrichtungen zwei an der Wand befestigte Halbbilder einer Stereoaufnahme zu einem stereoskopischen Raumbild vereinigt. Der Unterschied ist nur der, daß im vorliegenden Falle die beiden Flächen F_1 und F_2 in Abb. 15 ausschließlich zur Beleuchtung der Marken m und n in den beiden Blickrichtungen dienen. Hierbei lenkt man zweckmäßig die in einer horizontalen Ebene gelegenen Blickrichtungen durch einen unmittelbar hinter den Marken angebrachten Spiegel nach unten auf den Tisch, auf den dann die miteinander zu vergleichenden Körper, z. B. zwei Papiersorten, dem Tages- oder Lampenlicht zugewandt

nebeneinander zu liegen kommen. Eine solche einfache Versuchs-
anordnung ist für mancherlei physiologische Studien, so z. B. für
den Vergleich von roten und blauen Farben bei abnehmender Beleuchtung (Studium des Purkinjeschen Phänomens) verwendbar.

Um die vorstehende Anordnung auch zu Messungen verwendbar
zu machen, führen wir die beiden horizontalen Blickrichtungen einzeln
durch je ein in einem angemessenen Abstand hinter den Marken angebrachtes Reflexionsprisma, dessen vordere vertikal stehende Fläche
auf der zugehörigen Blickrichtung senkrecht steht, vertikal nach unten.
Wir sind dann in der Lage, die Einrichtungen zu verwenden, wie sie
in der Kolorimetrie farbiger Flüssigkeiten benutzt werden, und das
dort angewandte Verfahren, Messung der Absorption durch Änderung der Höhe einer der beiden Flüssigkeitssäulen, zur Anwendung
zu bringen.

Einen Nachteil haben die in diesem Abschnitt beschriebenen
Stereophotometer. Denn zu den Anforderungen, die an den Beobachter
hinsichtlich seiner Fähigkeit, stereoskopisch zu sehen, gestellt werden
(siehe die Angaben in Abschnitt 13), kommt jetzt noch die weitere
hinzu, daß die Pupillen der Augen des Beobachters die
gleiche Größe und auch die gleiche Reaktionsfähigkeit
gegen Lichtwechsel haben, da von der Größe der Pupille die
Helligkeit des Netzhautbildes ebenfalls abhängt. Aus diesem Grunde
kann ich den vorstehend bezeichneten Stereophotometerkonstruk-
tionen nicht die praktische Bedeutung zuerkennen, wie sie den im
folgenden beschriebenen Konstruktionen, bei denen dieser Nachteil
vermieden ist, zukommt.

15. Anwendung von Doppelfernrohren und Ersatz der Marken durch die stereoskopischen Halbbildmarken.

Bei den nachstehend beschriebenen Stereophotometern gelangen
statt der Marken m und n die in den Bildfeldebenen eines für den
beidäugigen Einblick eingerichteten Doppelfernrohres oder eines
ebensolchen Doppelmikroskops angebrachten Halbbildmarken
zur Anwendung. Daß das ausführbar ist, beweisen die im ersten Abschnitt beschriebenen am Stereokomparator und Stereoautographen
gemachten Beobachtungen, von denen wir ausgegangen sind[1]). Da-

---

[1]) Ergänzend zu den in den Abschnitten 1 und 6 beschriebenen Versuchen möchte ich bei dieser Gelegenheit noch bemerken, daß die Erscheinung der kreisenden Marke auch mit Hilfe des Stereotelemeters
vorgeführt werden kann. Man braucht nur das Raumbild der zur Messung
der Entfernung dienenden Marke auf einen freistehenden Gegenstand,
z. B. auf eine Kirchturmspitze, einzustellen und den Apparat hin und her

durch ist man in den Stand gesetzt, den am Schlusse des vorigen Abschnittes erwähnten Nachteil zu vermeiden, wozu nur notwendig ist, die optische Einrichtung des Apparates so zu gestalten, daß die **Austrittspupillen des Doppelfernrohres oder des Doppelmikroskops kleiner sind als die Augenpupillen des Beobachters**, und dafür zu sorgen, daß diese Austrittspupillen auch voll und ganz von den Augen des Beobachters aufgenommen werden (siehe dieserhalb den nächsten Abschnitt). Weitere Anforderungen werden an das

---

zu bewegen. Erzeugt man dann durch Anwendung eines der in Abschnitt 1 Seite 7 angegebenen Mittel eine ungleiche Helligkeit links und rechts, so findet sofort ein Kreisen des Objektpunktes um die Meßmarke herum statt. Das Auftreten der kreisenden Marke bildet also auch hier ein willkommenes Reagens auf das Vorhandensein ungleicher Helligkeiten.

Sehr viel schwerer ist der Nachweis einer Helligkeitsdifferenz der beiden Bilder bei den monokularen Entfernungsmessern, und zwar aus dem Grunde, wie ich bereits an früherer Stelle (Seite 20) ausführte, weil es schwer hält, an den schnell vorüberziehenden Bildern Einzelheiten ihrer Form zu erkennen. Daher kommt es auch, daß beim monokularen Entfernungsmesser — im Gegensatz zur Stereomethode — die Unsicherheit der Einstellung auf Koinzidenz mit wachsender Geschwindigkeit der Bilder immer mehr zunimmt, und daß selbst größere Abweichungen, die bei ruhenden Bildern als solche sofort erkannt werden, bei Bildern, die mehr oder weniger schnell das Gesichtsfeld passieren, sich gar leicht der Wahrnehmung entziehen. Daß man bei der Messung bestrebt sein wird, durch entsprechende Nachführung des Entfernungsmessers die Bilder des bewegten Zieles tunlichst in relative Ruhe zum Gesichtsfeld zu bringen, bedarf wohl kaum eines besonderen Hinweises.

Zum Nachweis der Tatsache, daß auch beim monokularen Entfernungsmesser die Empfindung des schwächeren Reizes hinter der des stärkeren Reizes zurückbleibt, benutzte ich den in Abb. 4 Seite 10 dargestellten Hilfsapparat *B* mit folgender Abänderung. Die beiden Marken wurden entfernt, am oberen Schlitten ein gerader vertikal stehender dünner Stab befestigt und das Fenster mit einem Rauchglase bedeckt, dessen obere Hälfte von der Rauchschicht befreit war. Beim Projizieren des hin und her gehenden Stabes sieht man dann, daß die obere Stabhälfte auf dem helleren Hintergrunde jedesmal der unteren Stabhälfte voraneilt. Da die Verschiebung der beiden Stabhälften in der Mitte des Gesichtsfeldes am größten, in den Umkehrlagen aber gleich Null ist, so tut man gut, die Umkehrlagen durch Auflegen von Blenden der Beobachtung zu entziehen. Auf diese Weise vorgegangen, tritt dann das Zurückbleiben der einen Stabhälfte deutlich in die Erscheinung. Wie ich vor kurzem durch Herrn Geheimrat v. Heß erfahren habe, hat er schon im Jahre 1904 genau den gleichen Versuch mit etwas anderen Mitteln, aber mit dem gleichen Erfolg gemacht und darüber im Archiv für Physiol. Bd. 101, Seite 231, berichtet. — Versuche mit dem gleichen Resultat hat ferner H. E. Ives im Journ. of Sciences 33, Seite 18, 1917, veröffentlicht.

Doppelfernrohr nicht gestellt. Insonderheit können alle Einrichtungen
zur Bildaufrichtung unterbleiben.

Die Einrichtung der Halbbildmarken und die Vor-
richtungen zu ihrer Betätigung sind bei den nachstehend
beschriebenen Instrumenten nicht immer die gleichen. Die in Zukunft
zur einheitlichen Ausführung gelangende Anordnung ist so, wie sie
in Abb. 16 schematisch wiedergegeben ist. Sie gewährt dem Beobachter
die Möglichkeit, von jeder der früher beschriebenen vier Meßmethoden
(a, b, c und d in Abb. 13) Gebrauch zu machen und diejenige zu wählen,
welche ihm am besten zusagt. Die Meinungen darüber sind, wie gesagt, nicht immer die gleichen.

Wie beim Demonstrationsapparat (Abb. 4) dient die Schraube E
zur Veränderung der Länge l der Kurbelstange. Außerdem ist hier
eine Schraube v vorgesehen, welche den Radius r der Drehscheibe

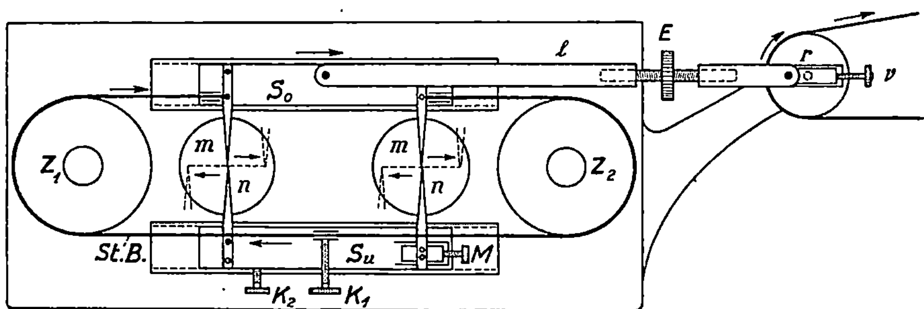

Abb. 16. Die Anordnung der Marken in der Bildfeldebene des Doppelfernrohres,
welche dem Beobachter unter den durch Abb. 13 dargestellten Arten der Markenbewegung die Auswahl überläßt.

und damit den Ausschlag der bewegten Marke zur Seite zu verändern
gestattet. Der bei der Anordnung in Abb. 4 für die Übertragung der
Bewegung des oberen Schlittens auf den unteren vorgesehene Doppel-
hebel hat sich für unsere Meßapparate als nicht recht geeignet erwiesen.
Er wurde durch eine Anordnung ersetzt, die den Vorzug hat, daß sie
in den Umkehrlagen der Marken, wo leicht ein Stocken der Bewegung
eintritt, keinen toten Gang aufweist. Zu dem Ende wurde für die
genannte Übertragung der Bewegung ein gespanntes Stahlband
vorgesehen, das mit seinen Enden am oberen Schlitten S_o dauernd
befestigt ist, links und rechts über einen neben dem Okular angebrachten
Zylinder auf Kugellager läuft und den unteren Schlitten S_u mitnimmt,
wenn die Klemme K_1 angezogen ist, oder ihn stehen läßt, wenn K_1
nicht angezogen und zur Sicherheit noch K_2 angezogen ist. Ferner
ist noch die in Abb. 16 sichtbare Mikrometerschraube M zu erwähnen,
welche es dem Beobachter ermöglicht, den Abstand der beiden unteren

Marken voneinander zu verändern. Versieht man diese Schraube mit einer Meßtrommel, so kann sie zur Messung der Tiefenausschläge der kreisenden Marke benutzt werden. Im allgemeinen bleibt die Meßtrommel fort, und man benutzt die Schraube M nur dazu, den Abstand der unteren Marke mit dem Abstand der oberen Marke in Übereinstimmung zu bringen. Über den Erfolg entscheidet am besten der stereoskopische Anblick der Marken in ihrer Ruhelage.

Als Halbbildmarken habe ich zuerst schwache Keile, dann mit bestem Erfolg ausgesuchte gerade Nähnadeln benutzt. Neuerdings hat Herr Angelroth, der ein gutes stereoskopisches Sehvermögen besitzt und viele Beobachtungen und Messungen für mich ausgeführt hat, den Versuch gemacht, an den Nadelspitzen kleine Kugeln anzubringen, die, wie er und einige andere Beobachter behaupten, für die Beobachtung der kreisenden Marke und das Aufsuchen der Geradlinigkeit der Bewegung besser geeignet seien als die spitzen Marken. Nur ist die genaue Herstellung solcher Kugeln mit der hier erforderlichen Genauigkeit mit allzu großen Schwierigkeiten verbunden.

Bei allen nachstehend beschriebenen Photometern hat der Beobachter aus Gründen, auf die ich im nächsten Abschnitt zurückkommen werde, beim Einblick in das Stereookular seinen Kopf tunlichst ruhig zu halten. Daher wird man ihm auch nicht wohl zumuten dürfen, daß er das zum Bewegen der Marken dienende Kurbelrad etwa durch Drehen mit der Hand selbst in Bewegung setzt. Denn hierbei pendelt der Oberkörper des Beobachters und mit ihm der Kopf leicht hin und her. Ein Schwungrad mit Fußantrieb ist in der Hinsicht schon viel besser. Am besten aber überträgt man die Arbeit einem Gehilfen oder bei Dauerbeobachtungen einem der bekannten für solche Arbeitsleistungen besonders geeigneten Heinricischen Heißluftmotoren.

16. Die Anpassung der Okulare an den Augenabstand des Beobachters

erfolgt in derselben Weise wie beim Stereokomparator, muß aber hier, wo es sich um Helligkeitsmessungen handelt, mit einer sehr viel größeren Sorgfalt vorgenommen werden als dort. Denn die Austrittspupillen des Doppelfernrohres sollen nicht nur, wie oben angegeben wurde, voll und ganz von den Pupillen des Beobachters aufgenommen werden, sie müssen auch in beiden Augen gleichgelegen sein, so wie das in a der nachstehenden Abb. 17 angedeutet ist. Die Pupille des Auges ist dargestellt durch den Kreis. Das kleine Rechteck darin ist die Austrittspupille, das ist in diesem Falle das unmittelbar vor dem Okular gelegene stark verkleinerte Bild der vor dem Fernrohrobjektiv angebrachten rechteckigen Öffnung, auf die ich im nächsten Abschnitt noch näher zu sprechen komme. Es ist klar, daß in diesem Falle, aber auch nur in diesem Falle, der Kopf des Beobachters aus der mittleren Lage um mehrere Millimeter nach links und nach rechts verschoben werden kann, ohne daß die Austrittspupille mit dem Pupillenrand des Auges zusammentrifft, und es ist ferner klar, daß selbst für den Fall, daß eine Abblendung eintritt, sie doch, gleichgroße Pupillen des Beobachters vorausgesetzt, für beide Austrittspupillen sehr nahe gleichgroß ist. Das auf Geradlinigkeit der Bewegung eingestellte Raumbild der kreisenden Marke behält daher sein Aussehen beim Hin- und Hergehen des Kopfes fast unverändert bei.

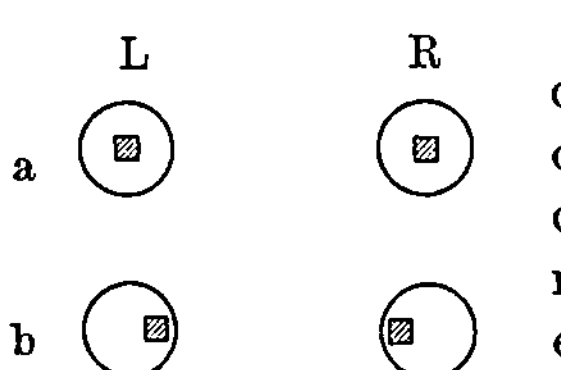

Abb. 17. Die Lage der Austrittspupillen des Doppelfernrohres innerhalb der Pupillen des Beobachters a) bei richtiger, b) und c) bei falscher Einstellung des Okularabstandes.

Ganz anders aber liegt die Sache, wenn der Okularabstand entweder zu klein (Abb. 17 b) oder zu groß (Abb. 17 c) ist. Geht man jetzt aus der Mittelstellung mit dem Kopf beispielsweise nach rechts, so findet im ersten Falle sofort eine Abblendung der rechten, im zweiten Falle eine Abblendung der linken Austrittspupille statt. Im ersten Falle verwandelt sich die vorher geradlinige Bewegung des Raumbildes der Marke in eine kreisende links herum und im anderen Falle in eine kreisende rechts herum. Wenn man also hierauf achtet, weiß man auch sofort, wie die Einstellung der Okulare zu verbessern ist. Mit dieser Prüfung und Korrektion fahren wir so lange fort, bis kein Kreisen der Marke beim Hin- und Hergehen des Kopfes mehr eintritt.

Endlich ist noch zu empfehlen, daß Beobachter mit Brille diese beim Einblick in das Doppelokular herunternehmen.

Die Einstellung der Okulare auf größtmögliche Bildschärfe hat, wie beim Stereokomparator, für jedes Auge einzeln und vor der Nulleinstellung des Apparates (Regulierung der Beleuchtung; siehe darüber weiter unten) zu erfolgen. Man hält diese Einstellung, um einer etwaigen Beeinflussung der Nulleinstellung zu entgehen, auch für die sich daran anschließende Messungsreihe unverändert bei.

17. Die beim Doppelfernrohr zur Messung der Helligkeiten dienende Vorrichtung, erläutert an einem Stereophotometer, das für den Vergleich zweier Lichtquellen bestimmt ist.

Das Photometer ist zur Zeit der Niederschrift dieser Zeilen noch in Arbeit. Seine Einrichtung ist aus der schematischen Zeichnung

Abb. 18 ersichtlich. Das Doppelfernrohr ist ein solches mit erweitertem Objektivabstand. Die beiden miteinander zu vergleichenden Lichter L und L_0 stehen nahe beieinander, aber getrennt durch eine schwarze Scheidewand, auf einer Drehscheibe und diese auf einem Schlitten, der vom Beobachtungsplatz aus durch eine Kurbel hin und her geschoben werden kann. Die durch die beiden Reflektoren R_1 und R_2 dem Doppelfernrohr zugeführten Strahlen treffen vor ihrem Eintritt in dasselbe beiderseits auf eine mattgeätzte Glasplatte, die dadurch zum Selbstleuchten gebracht wird.

Die Messung kann bei diesem Instrument auf zweierlei Art durchgeführt werden, zunächst in der bekannten Weise, daß man den Schlitten

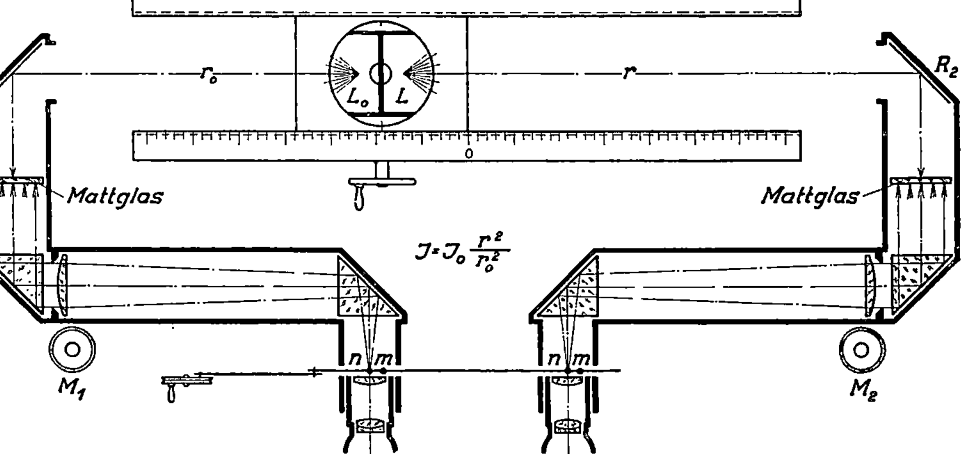

Abb. 18. Ein für den Vergleich zweier Lichtquellen L und L_0 bestimmtes Stereophotometer.

so weit verschiebt, bis Gleichheit der Helligkeiten eintritt. Alsdann entnimmt man den Angaben des Maßstabes die Werte für die Abstände r und r_0 der Lichtquelle von der Mattscheibe und leitet daraus in bekannter Weise das Helligkeitsverhältnis ab.

Man wiederholt die Messung, nachdem man den Träger der beiden Lichter um 180° gedreht hat, und nimmt das Mittel.

Die andere Art der Helligkeitsmessung, so wie sie auch bei allen nachstehenden Photometerkonstruktionen, die sich auf die Anwendung von Doppelfernrohren gründen, zur Anwendung gelangt ist, beruht auf der Tatsache, daß jeder Lichtpunkt im Bildfeld eines auf unendlich eingestellten Fernrohres hervorgerufen wird durch ein Bündel paralleler Strahlen, und daß jede Verminderung des Querschnittes dieses Bündels eine entsprechende Verminderung der Hellig-

keit des Gesichtsfeldes zur Folge hat. Zu dem Zweck ist vor jedem
der beiden Objektive eine rechteckige Öffnung angebracht worden,
links und rechts genau gleich groß und so beschaffen, daß zwei einander
gegenüberstehende Seiten des Rechteckes symmetrisch nach der
Mitte mit Hilfe einer Meßschraube verschoben werden können,
während die beiden anderen Seiten ihren Abstand voneinander unverändert beibehalten. Die an der 100teiligen Trommel abgelesene
Höhe des Rechteckes ist somit ein Maß nicht nur für den
Querschnitt der Öffnung, sondern auch für die von ihr durchgelassene Lichtmenge.

Bei allen diesen Doppelfernrohren ist die beschriebene Meßvor-
richtung (M_1 und M_2 in Abb. 18) links und rechts deshalb vorgesehen,
damit man die Messung durch Vertauschen von links und rechts wiederholen und durch Mittelbildung etwaige einseitige Fehler, die im
Beobachter oder in einer fehler-
haften Nulleinstellung liegen,
ausgleichen kann. Bei dem vorliegenden Instrument (Abb. 18)
geschieht das Vertauschen der beiden
Lampen, wie bereits erwähnt, einfach
durch Drehen ihres Trägers um 180°.
Die Mittelstellung ($r = r_0$) bleibt natürlich hierbei die gleiche.

18. Einige weitere Photometer-konstruktionen für Helligkeitsmessungen im spektral unzerlegten Licht.

Eine andere Anordnung des Doppelfernrohres zeigt der in Abb. 19 dar-
gestellte Apparat. Auch hier ist jedes
Fernrohr ausgerüstet mit dem zur
Messung dienenden Objektivspalt Sp
und der Mikrometervorrichtung M.
Die Trommelteilungen von M_1 und
M_2 werden beleuchtet durch eine Glühlampe B, die nach dem Beobachter
zu mit einem Blendschirm versehen
und jedenfalls gleich nach der Ablesung
wieder auszuschalten ist. Die Re-

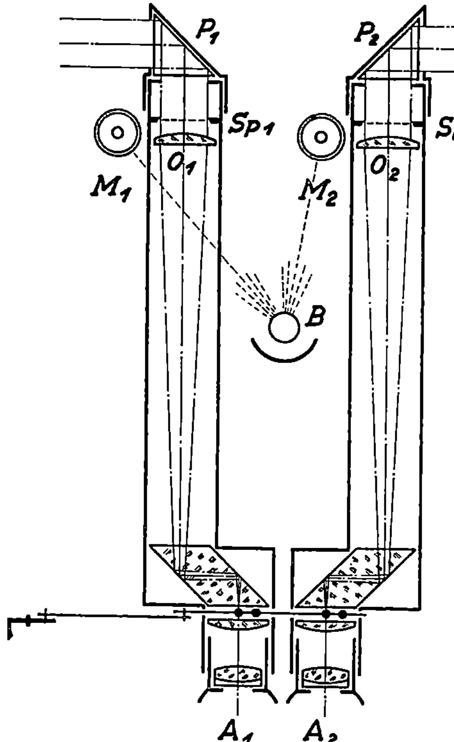

Abb. 19. Schnittzeichnung durch
das in Abb. 20 wiedergegebene
Stereophotometer.

flexionsprismen P_1 und P_2 sind auf die Objektivenden aufsteckbar
und um die Rohrachse zum Drehen eingerichtet.

In der in Abb. 19 gezeichneten Lage der Prismen ist der Apparat für den Vergleich der Beleuchtungsstärke zweier Lichtquellen verwendbar, nur muß man vorher noch zwischen Objektivspalt und Prisma eine Mattglasplatte einfügen, die dann als sekundäre Lichtquelle wirkt.

Eine andere Verwendungsart besteht darin, daß man die Prismen nach unten richtet und auf den Tisch zwei ebene Flächen, z. B. zwei Papiersorten, nebeneinander legt, deren Helligkeitsverhältnis gemessen werden soll; ebenso kann man die Prismen auf verschiedene Stellen des Himmels oder die Wände eines Zimmers richten und deren Helligkeiten miteinander vergleichen.

Auch für die Messung des Lichtverlustes in festen und flüssigen Körpern ist der Apparat verwendbar. Farbige Glasplatten legt man einfach auf die nach oben gerichteten Prismen und beleuchtet von oben. Farbige Flüssigkeiten bringt man in die im 14. Abschnitt erwähnten Kolorimetergefäße und stellt diese unter die nach unten gerichteten Prismen. Die Beleuchtung erfolgt in diesem Falle, wie üblich, von unten.

Abb. 20 zeigt das-

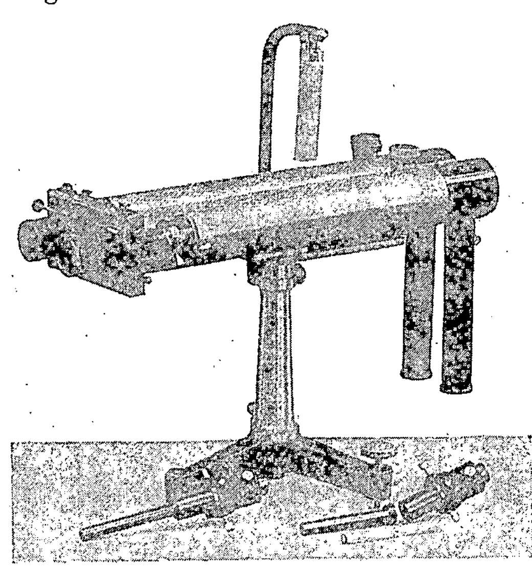

Abb. 20. Das Stereophotometer für physikalisch-chemische und photochemische Laboratorien.

selbe Instrument in der Anordnung, in der es von Herrn Geheimrat Haber bei seinen obenerwähnten Messungen an kolloidalen Lösungen mit größtem Erfolg benutzt wird. Unter jedes der beiden nach unten gerichteten Prismen ist ein an seinem unteren Ende durch eine ebene Glasplatte geschlossener Rohrstutzen befestigt, von denen der eine in die zu untersuchende Flüssigkeit, der andere in die Vergleichsflüssigkeit eintaucht. Damit sich keine größeren Luftblasen unter der Glasplatte ansammeln können, ist sie etwas schräg gestellt. Kleinere Luftblasen werden abgewischt, nachdem die Beobachtung der Austrittspupille mit einer Lupe die Existenz solcher Luftblasen auf der unteren Seite der Glasplatte dargetan hat. Beide Gefäße werden von oben durch eine Scheinwerferlampe beleuchtet, und man vergleicht jetzt die aus der Flüssigkeit heraus in die Rohre eintretenden Lichtmengen. Die beiden Gefäße sind innen mit einem glanzlosen schwarzen Lack überzogen.

Eine weitere Verwendungsmöglichkeit des Photometers besteht darin, daß man die beiden langen Rohrstutzen in Abb. 20 entfernt und an ihre Stelle die in Abb. 20 neben dem Apparat gelegenen Zusatzteile einfügt. Diese bestehen aus zwei Objektiven in Fassung und zwei Kapillaren, diese von 10 cm Länge und 2—3 mm innerem Durchmesser. Die Objektive haben den gleichen Durchmesser wie die des Doppelfernrohrs, aber eine wesentlich kürzere Brennweite. Durch diese Zusatzobjektive wird also unser Doppelfernrohr zu einem Doppelmikroskop und das Photometer zu einem Mikrophotometer, mit dem man imstande ist, die von kleinen Flächen ausgehenden Lichtmengen zu messen. Die Anordnung ist erstmalig von Herrn Geheimrat Haber in Gebrauch genommen worden, dem es darauf ankam, die Lichtemission von Flüssigkeiten messend zu vergleichen, die ihm nur in kleinen Mengen zur Verfügung standen. Zur Aufnahme der Flüssigkeiten dienen die beiden vor-

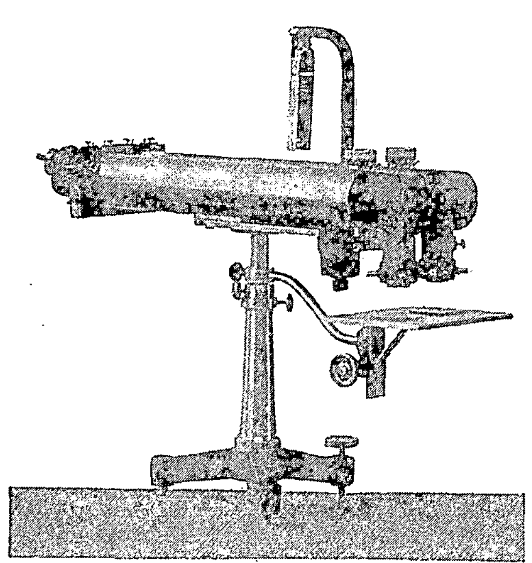

Abb. 21. Dasselbe Instrument in seiner Eigenschaft als Mikrophotometer.

erwähnten Kapillaren. Nach erfolgter Füllung wird das obere Ende durch eine Deckglasplatte geschlossen und die Kapillare so unter dem Objektiv befestigt, daß ihr oberes Ende in die vordere Brennebene des Mikroskopobjektivs zu liegen kommt. Von dem beleuchteten Querschnitt der Kapillare erscheint dann ein stark vergrößertes, das ganze Gesichtsfeld ausfüllendes Bild, dessen genaue Zentrierung mit Hilfe der an dem Mikroskopobjektiv angebrachten seitlichen Stellschrauben vorgenommen wird. Die Kapillaren werden von unten durchleuchtet.

Will man denselben Apparat in photochemischen Laboratorien zur Messung der Lichtdurchlässigkeit kleinerer Teile von photographischen Schichten oder auf Sternwarten zum Photometrieren der Gestirne an photographischen

Sternaufnahmen verwenden, so ergibt sich eine Anordnung, wie sie in Abb. 21 dargestellt ist. An der Stelle, wo sich vorher das obere Ende der Kapillare befand, ist jetzt ein in der Höhe verstellbarer Objekttisch mit zwei Durchblicksöffnungen angebracht, auf die dann die mit einander zu vergleichenden Präparate zu liegen kommen. Daß man den Apparat in dieser Form auch zur Messung der Absorption in farbigen Flüssigkeiten verwenden kann, bedarf wohl kaum eines besonderen Hinweises.

Bei den beiden vorbeschriebenen Versuchsinstrumenten liegen die beiden Fernrohrobjektive und demzufolge auch die beiden Rohre

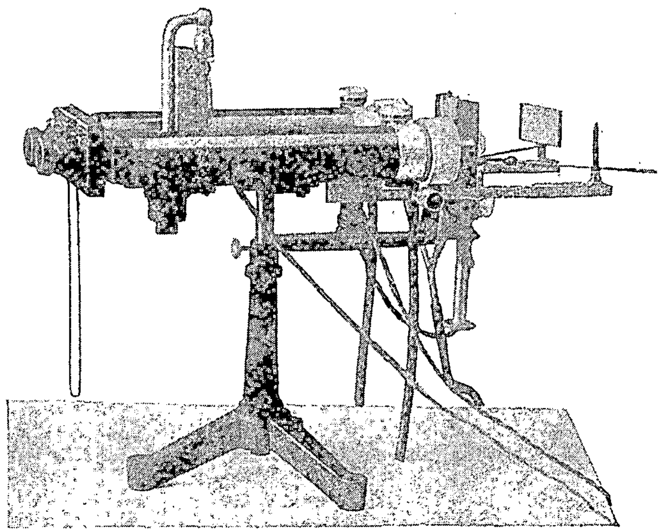

Abb. 22. Ein Stereophotometer für technische Zwecke, für die Messung des Lichtverlustes in flüssigen und flüssig gemachten Körpern mit durch Wasserdampf heizbaren Absorptionsgefäßen.

in Abb. 20 und die beiden Mikroskopobjektive in Abb. 21 ungefähr im Augenabstand nebeneinander. Bei den von jetzt an definitiv zu bauenden Apparaten ist infolge der aus Abb. 19 ersichtlichen Anordnung dieser Abstand auf das Doppelte gebracht worden, so wie das bei dem jetzt zu beschreibenden weiteren Stereophotometer bereits der Fall ist.

Der in den Abb. 22 und 22a veranschaulichte Apparat ist hauptsächlich für den Gebrauch in technischen Laboratorien bestimmt und soll dazu dienen, die Messung der Lichtdurchlässigkeit farbiger Flüssigkeiten und auch solcher fester Körper (Paraffin z. B.) zu ermöglichen, die bei einer Erwärmung auf 100° C flüssig werden. Die Reflexionsprismen P_1 und P_2 in Abb. 19 sind vom Apparat heruntergenommen worden. An ihrer Stelle befinden sich jetzt die Träger für die beiden Absorptionsgefäße. Zur Aufnahme der zu untersuchenden Körper dienen gläserne Hohlzylinder mit aufgeschmolzenen Verschlußglasplatten. Die Füllöffnung befindet sich im Mantel des Zylinders. Die gegenüberliegende Stelle des Mantels ist eben geschliffen, damit das für den horizontalen, axialen Durchblick bestimmte Gefäß eine sichere Auflage erhält.

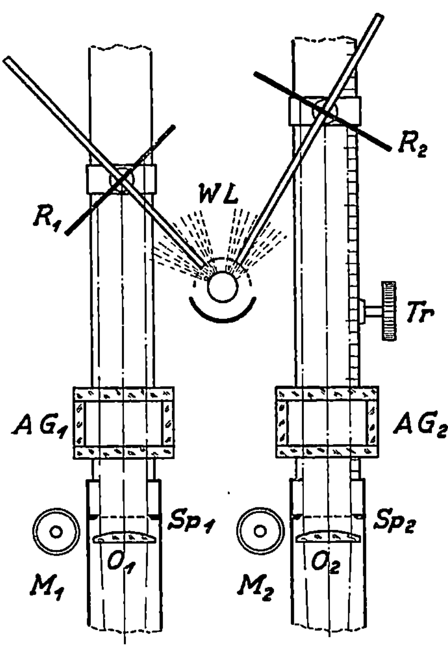

Abb. 22a. Schnittzeichnung durch den in Abb. 22 wiedergegebenen Apparat.

Nach erfolgter Beschickung des Gefäßes mit dem zu untersuchenden Körper wird es auf einen ausziehbaren Schlitten gesetzt, bis vor den Objektivspalt vorgeschoben, und die Verschlußklappe vorgelegt. Der erste Apparat dieser Art war noch ohne Heizeinrichtung. Bei den in Abb. 22 dargestellten Apparaten ist der Raum, in dem sich das Gefäß befindet, von einer Heizspirale umgeben, durch die man den Dampf siedenden Wassers hindurchleiten kann. Von dem Fortschritt der Schmelzung fester Teile im Gefäß überzeugt man sich zweckmäßig durch Betrachtung der Austrittspupille mit einer Lupe.

Zur Beleuchtung dienen zwei weiße, einsteckbare Zelluloidschirme (R_1 und R_2 in Abb. 22a), die in der Verlängerung der Rohrachsen aufgestellt sind und von einer weißen Lichtquelle WL beleuchtet werden. Der Abstand der beiden Schirme R_1 und R_2 von dem zugehörigen Absorptionsgefäß kann verändert werden, so daß man nicht allein für die Zwecke der Nulleinstellung des Apparates das Helligkeitsverhältnis der beiden Schirme, sondern auch die Helligkeit selbst verändern kann. Gegen direkte von der Lampe ausgehende Strahlen sind die Gefäße sowohl als auch der Beobachter durch eine Blendvorrichtung geschützt. Mit dem so eingerichteten Apparat sind die im nächsten Abschnitt beschriebenen Versuche ausgeführt worden. Als Lichtquelle diente eine Osramlampe mit mattgeschliffener kugelförmiger Birne. Bei dem vorerwähnten ersten Apparat — ohne Heizeinrichtung — wurde die Beleuchtung der beiden Schirme durch eine Petroleumlampe mit Rundbrenner bewirkt.

Die Anordnung vor den Objektivspalten des Doppelfernrohres kann auch so getroffen werden, daß man auf ein besonderes vor den Objektiven angebrachtes Gestell ein aus Glas angefertigtes Gefäß von würfelförmiger Gestalt setzt, jedes der beiden Gefäße durch eine Lampe beleuchtet, die aber um eine unter dem Gefäß angebrachte Vertikalachse zum Drehen eingerichtet ist. Die so getroffene Anordnung ist besonders für die Untersuchung trüber Medien und für das Studium des Tyndalleffektes zu verwenden.

Man sieht also, der Anwendungen für unser Doppelfernrohr sind viele, und die Einrichtungen hierzu ergeben sich in jedem Falle ganz von selbst.

Die Einrichtung des Doppelfernrohres mit den Objektivspalten ist bei allen diesen Apparaten die gleiche, und es ist darauf Rücksicht genommen, daß, je nach dem Zweck, dem der Apparat dienen soll, die Zusatzteile nachträglich daran angebracht und, wenn erforderlich, gegen andere Zusatzteile ausgewechselt werden können.

19. Abhängigkeit der Messungsresultate an Farbfiltern von der zur Beleuchtung der Objekte dienenden sog. weißen Lichtquelle.

Ich hatte bereits oben — Abschnitt 14 — bei Gelegenheit der Besprechung unseres Verfahrens zur Untersuchung farbiger Schutzgläser darauf hingewiesen, daß das Verhältnis der von einem Farbglas hindurchgelassenen Lichtmenge zu der auffallenden Menge weißen Lichtes bei Anwendung verschieden heller Lichtquellen nicht immer das gleiche bleibt. Zu dieser Erkenntnis bin ich gelangt, als ich dazu überging, mit dem vorstehend beschriebenen Photometer die Lichtdurchlässigkeit verschiedener Farbfilter für sog. weißes Licht messen zu lassen. Als Lichtquelle benutzte ich eine Osramlampe mit matt geschliffener Birne und änderte ihre Helligkeit mit Hilfe eines in die Lichtleitung eingeschalteten Rheostaten von der Rotglut bis zur Weißglut. Hierbei erwiesen sich, wie bereits oben erwähnt, die Grünfilter und auch die Blaufilter indifferent gegen solche Helligkeitsänderungen der Lampe. Das Verhältnis der durch das Filter hindurchgegangenen Lichtmenge zur auffallenden war innerhalb der Messungsfehler immer das gleiche. Ich habe den gleichen Versuch mit dem gleichen Erfolg auch mit einer alkoholischen Cyaninlösung ausführen lassen, die bekanntlich einen Absorptionsstreifen mit der Mitte bei der D-Linie besitzt und sowohl Blau als auch Rot durchläßt. Ganz anders aber verhielten sich die Rotfilter, die nur Rot durchlassen. Hier trat eine Änderung des Verhältnisses der durchgelassenen Lichtmenge zur

auffallenden ein, und zwar immer in dem Sinne, daß der verhältnismäßige Anteil der durchgelassenen Lichtmenge an der auffallenden
mit zunehmender Helligkeit der Lampe immer kleiner wurde. Die
Änderungen sind keineswegs gering. War z. B. bei einem Rotfilter,
das die rote Seite des Spektrums bis zu 600 $\mu\mu$ durchließ, die Lampe
auf eine mittlere Helligkeit eingestellt, und hatte die Einstellung auf
Geradlinigkeit der Bewegung der Marke die Ablesung 40 : 100 ergeben, so fing die Marke sofort an zu kreisen, wenn die Helligkeit
gesteigert oder vermindert wurde. Durch Neueinstellung auf Geradlinigkeit der Bewegung wurde für die angewandte größte Helligkeit
der Lampe der Wert 20 : 100 und für die angewandte kleinste Helligkeit der Wert von 70 : 100 abgelesen.

Die gleiche Abhängigkeit von der Helligkeit der Lampe zeigten
die dem Lovibondschen Tintometer beigegebenen rosaroten
und gelbbraunen Farbfilter.

Die Erklärung für dieses auffallende Verhalten der Rotfilter ist
wohl die, daß mit steigender Temperatur der Lampe das Energiemaximum sich immer mehr nach dem blauen Ende des Spektrums zu
verschiebt. An der Steigerung der Helligkeit des ungehindert zum
Auge gelangenden Lichtes sind also die blauen Strahlen sehr viel stärker
beteiligt als die roten. In dem Rotfilter werden aber gerade diejenigen
Teile des Spektrums, die die stärkere Helligkeitszunahme aufzuweisen
haben, vollständig absorbiert. Gewiß erfährt die durchgelassene rote
Lichtmenge auch eine Steigerung, die sehr wahrscheinlich proportional
ist der des auffallenden roten Lichtes, aber im Verhältnis zu der gesamten Menge des auffallenden weißen Lichtes doch weit hinter dieser
zurückbleibt. So erklärt es sich auch, daß Grün- und Blaufilter,
die ja das gesteigerte grünblaue Licht in gesteigertem Maße durchlassen, die beim Rot- und Gelbfilter beobachtete Erscheinung nicht
zeigen.

Nach den an Farbfiltern im durchfallenden Lichte erhaltenen
Resultaten war es von weiterem Interesse, zu sehen, wie sich der
verhältnismäßige Anteil der an farbigen Flächen reflek-
tierten Lichtmenge an dem auffallenden weißen Licht, also
die Albedo farbiger Flächen, verhält, wenn man die Helligkeit der
zur Beleuchtung dienenden Lichtquelle ändert. Wir benutzten zu diesen
Versuchen wieder den in Abb. 22 abgebildeten Apparat und gaben
ihm unter Verwendung der beiden weißen Reflektoren R_1 und R_2
seine Nullstellung, bei der also Geradlinigkeit der Bewegung beobachtet
wird. Dann ersetzten wir den einen der beiden weißen Schirme, beispielsweise R_1, durch die zu untersuchende farbige Fläche und stellten
mit Hilfe der Mikrometerschraube M_2 wieder auf Geradlinigkeit ein.
Die Albedo ist dann durch das Verhältnis der beiden Ablesungen an

den Mikrometerschrauben M_2 und M_1 bestimmt. Zu den Versuchen wurden nur glanzlose farbige Flächen benutzt, die von meinem Kollegen, Herrn Dr. Gundlach, hergestellt waren. Es wurden dieselben Farbstoffe benutzt, die auch zur Herstellung der farbigen Filter dienen. Das Ergebnis der Untersuchung war im wesentlichen das gleiche wie bei der Untersuchung der Farbfilter im durchfallenden Licht. Die grünen und blauen Papiere zeigten keinen Unterschied, das rote und rosarote Papier dagegen Abweichungen wie oben in dem Sinne, daß die Angaben der Mikrometerschraube M_2 mit zunehmender Helligkeit kleiner wurden, mit anderen Worten, die Albedo roter Flächen nimmt mit abnehmender Leuchtkraft unserer Osramlampe immer mehr zu. Wie sich solche Flächen bei Anwendung anderer Lichtquellen, insonderheit bei wechselnder Tageslichtbeleuchtung, verhalten, habe ich nicht weiter untersucht. Die Sache verdient weiter untersucht zu werden, da bekanntlich nach dem Purkinjeschen Phänomen die Leuchtkraft roter Flächen mit abnehmender Helligkeit des Tageslichtes schneller abnimmt als die von blauen Flächen.

Für die Anwendung unseres Photometers als Meßapparat für die Durchlässigkeit und Reflexionsfähigkeit farbiger Körper im spektral unzerlegten Licht ergibt sich nach den vorstehenden Resultaten mit Notwendigkeit die Forderung, daß man sich, wenn die von verschiedenen Beobachtern gemachten Messungen miteinander vergleichbar sein sollen, nicht allein auf eine bestimmte Lichtquelle, sondern auch auf eine bestimmte Temperatur dieser Lichtquelle einigen muß. Vielleicht genügt es, daß man sich mit dem Licht einer Petroleumlampe von einer bestimmten Größe des Rundbrenners und von einer bestimmten Flammenhöhe behilft. Eine solche Flamme strahlt nicht allein mehrere Stunden hintereinander, sondern nach erfolgter sorgfältiger Reinigung des Dochtes auch immer mit der gleichen Helligkeit.

20. Das Stereophotometer im Dienste der Pyrometrie.

Die im vorigen Abschnitt beschriebenen Erscheinungen legen den Gedanken nahe, unsere Stereomethode unter Anwendung von passend gewählten Farbfiltern auch in den Dienst der Temperaturbestimmung glühender Körper zu stellen. Nach dem Wienschen Verschiebungsgesetz $\lambda_m \cdot T =$ konst. wird die dem Energiemaximum zukommende Wellenlänge λ_m mit zunehmender absoluter Temperatur immer kleiner. In gleicher Weise muß sich daher auch das Maximum der Sichtbarkeit, die in erster Linie von der Empfindlichkeit der Netzhaut, dann aber auch von der auffallenden Strahlungsenergie in den einzelnen Teilen des Spektrums abhängt, mit wachsender Temperatur nach dem blauen Ende zu verschieben. Wenn man also bei einer be-

stimmten Temperatur der Lichtquelle dem einen Auge die eine Hälfte
des Spektrums und dem anderen Auge die gleichhelle andere Hälfte
zuführt (siehe Abb. 23), so muß bei einer Änderung der Temperatur
die vorher geradlinige Bewegung der Marke in eine kreisende übergehen, rechts oder links herum, je nachdem die Temperatur steigt
oder fällt, und es kann dann die zur Neueinstellung auf Geradlinigkeit
erforderliche Verstellung unserer Meßschraube M nach einer vorauf-
gegangenen empirischen Graduierung als Maß der Temperaturänderung
benutzt werden. Ein solches Verfahren hat den Vorteil, daß die sonst
in der Pyrometrie übliche Vergleichslichtquelle und die zu ihrer Normalisierung dienenden Hilfseinrichtungen in Wegfall kommen.

Über die Aufgabe, ein Spektrum in zwei gleichhelle Teile zu teilen, hat der im
Jahre 1916 verstorbene Hans Lehmann eine sehr inter-
essante Arbeit „Beiträge zur Theorie und Praxis der Far-
benstereoskopie" verfaßt, die nach seinem Tode in der Z.
f. wiss. Photographie Bd. 17, S. 49—68, 1917 veröffentlicht wurde. Bekanntlich hat das sog. Anaglyphenverfah-
ren für die Vorführung von stereoskopischen Bildern im Auditorium eine große praktische Bedeutung.
Die beiden Bilder werden in zwei verschiedenen Farben

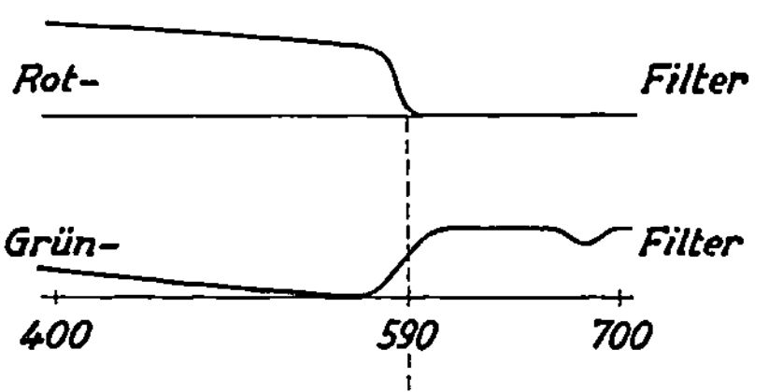

*Absorptionskurven
gezeichnet nach dem Anblick der Spektren
im Vergleichs-Spektroskop.*

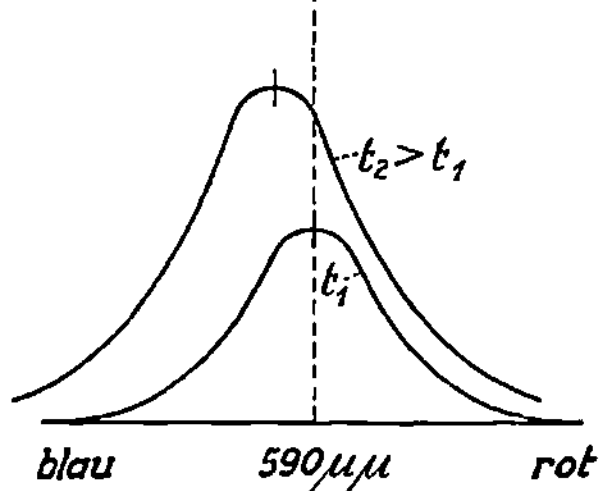

*Verschiebung des Maximums der Helligkeit
mit wachsender Temperatur der Lichtquelle.*

Abb. 23. Verwendung von Farbfiltern für die
Zwecke der stereoskopischen Projektion und
der stereoskopischen Pyrometrie.

— meist grün und rot — so auf den Schirm geworfen, daß die zusammengehörigen Fernpunkte der Bilder zusammenfallen. Sie werden dann durch
gleichgefärbte grünrote Brillen betrachtet. Mit dem einen Auge sieht
man das grüne und mit dem anderen das rote Bild, die dann zu einem
infolge der beidäugigen Farbenmischung meist farblosen Raumbild ver-
schmelzen. Der stereoskopische Effekt ist jedenfalls ein guter, und ich
habe mich bei Vorträgen über stereoskopische Dinge wiederholt und
mit bestem Erfolg der von Herrn Dr. Gundlach hergestellten grün-
roten Bilder und Brillen bedient. Um den Effekt in bezug auf beidäugige Farbenmischung zu einem vollkommenen zu machen, hat

Lehmann in der erwähnten Arbeit die Forderung aufgestellt, daß die von den beiden Filtern durchgelassenen Lichtmengen gleichgroß sein müssen und sich zum Gesamtspektrum ergänzen sollen. Er hat dann mit Hilfe eines auf die Untersuchung des schwarzen Körpers gegründeten Rechenverfahrens diejenige Stelle im Spektrum für verschiedene Temperaturen zu ermitteln gesucht, bei der das Spektrum jedesmal in zwei gleichhelle Teile zerlegt wird. Leider hat der frühe Tod von Lehmann die endgültige Fertigstellung der in der Arbeit angekündigten sog. komplementären Zweifarbenfilter für die Zwecke der stereoskopischen Projektion verhindert.

Für die Zwecke der stereoskopischen Projektion hat die Bereitstellung von solchen komplementären Farbfiltern, diese bezogen auf das zur Projektion benutzte Bogenlicht, immer noch einen Wert. Solange sie aber noch nicht vorliegen, wird man sich mit den oben erwähnten grün-roten Filtern begnügen müssen, die, wenn auch nicht vollkommen — siehe die in Abb. 23 gezeichneten Absorptionskurven der beiden Filter —, so doch in erster Annäherung den gestellten Anforderungen entsprechen.

Für die Zwecke der stereoskopischen Pyrometrie hingegen haben diese komplementären Filter bei weitem nicht die Bedeutung wie für die stereoskopische Projektion. Nach den im vorigen Abschnitt beschriebenen Versuchen ist es sogar nicht einmal erforderlich, zwei Farbfilter zu verwenden. Wir können uns mit dem Rotfilter begnügen, da nur bei diesem, nicht aber bei dem Grün- oder Blaufilter das Verhältnis zwischen der durchgelassenen und der auffallenden Lichtmenge mit der Temperatur sich ändert. Die Verwendung unseres Stereophotometers für die Aufgaben der optischen Pyrometrie hätte demnach in der Weise zu erfolgen, daß wir die von der Lichtquelle ausgehenden Strahlen beiden Objektiven in gleicher Stärke zuführen, vor das eine Objektiv ein Rotfilter setzen und mit dem vor dem anderen Objektiv befindlichen Objektivspaltmikrometer das Verhältnis der durchgelassenen Lichtmenge zur auffallenden messen. Vielleicht lohnt es sich, eine Untersuchung darüber anzustellen, an welcher Stelle des Spektrums man die Absorptionswirkung des Rotfilters zweckmäßig beginnen läßt, damit für unser Rotfilterstereopyrometer das Optimum der Wirkung erzielt wird.

21. Apparat zur Bestimmung derjenigen Stelle im Spektrum einer Lichtquelle, welche das Spektrum in zwei physiologisch gleich helle Teile zerlegt.

Die im vorigen Abschnitt besprochene Aufgabe, ein Spektrum in zwei gleich helle Hälften zu teilen, muß sich außer auf theoretischem

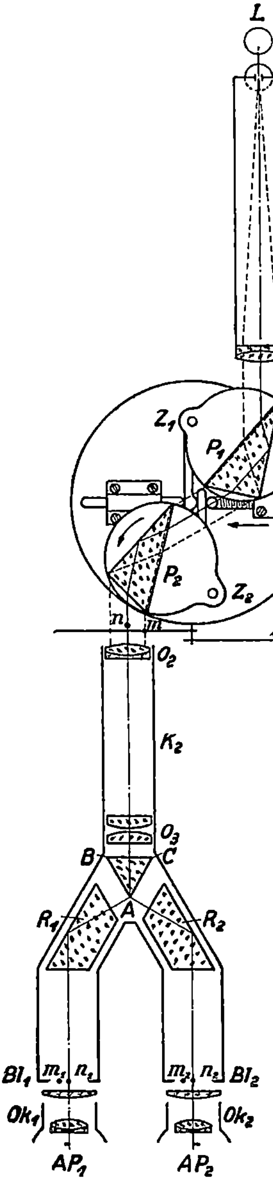

Abb. 24. Apparat zur Bestimmung derjenigen Stelle im Spektrum einer Lichtquelle, welche das Spektrum in zwei physiologisch gleich helle Teile zerlegt (Stereospektralpyrometer).

Wege, wie das Hans Lehmann getan hat, mit Hilfe unserer Stereomethode auch experimentell lösen lassen. Es ist zu dem Ende nur nötig, eine Einrichtung zu treffen, welche dem einen Auge die eine Hälfte und dem anderen Auge die andere Hälfte des Spektrums zuführt. Indem man dann die Trennungslinie zwischen den beiden Hälften zum Verschieben einrichtet, sucht man diejenige Wellenlänge auf, bei der die kreisende Bewegung der Marke in eine geradlinige übergeht. Von dieser Wellenlänge werden wir dann sagen, daß sie das Spektrum in zwei physiologisch gleichhelle Hälften teilt.

In dem Bestreben, hierfür einen geeigneten Apparat zusammenzustellen, fand ich mich zusammen mit meinem Kollegen im Zeißwerk, Herrn Prof. Aug. Köhler. Unsere Besprechungen führten zu der nachstehend beschriebenen und in Abb. 24 skizzierten Anordnung.

Zur Erzeugung des Spektrums wird ein sog. festarmiger Spektralapparat nach Löwe (Z. f. Instr. Kde. 7, S. 271, 1907, und Physik. Z. 8, S. 837, 1907) benutzt. Der Apparat besteht aus dem Kollimatorrohr K_1 mit dem symmetrisch sich schließenden Spalt T, vor den die zu untersuchende Lichtquelle oder ein Bild derselben gebracht wird, aus zwei hintereinander angeordneten, tunlichst farblosen Prismen mit konstanter Ablenkung für die spektrale Zerlegung (nach Abbe, 1870, Ges. Abh. Bd. I, S. 4) mit Mikrometerschraube, Trommelteilung und Umdrehungszähler für die Wellenlängenbestimmung und dem Beobachtungsrohr K_2. An Stelle des hier befindlichen auswechselbaren Spaltkopfes wird ein dreiseitiges sechziggradiges Glasprisma ABC in Abb. 24) eingesetzt und so gerichtet, daß die Fläche BC dem Objektiv zugewandt ist und die vordere scharfe Schneide A in die Ebene des Spektrums zu liegen kommt und den Spektrallinien genau parallel gerichtet ist. Damit der Zweck dieses Prismas, die Zerlegung des Spektrums in zwei Teile entlang einer Spektrallinie, in größter Vollkommenheit erreicht wird, haben wir ein Interesse daran, statt der gekrümmten Spektrallinien vollkommen gerade zu verwenden. Man erzielt diesen Effekt bekanntlich in der

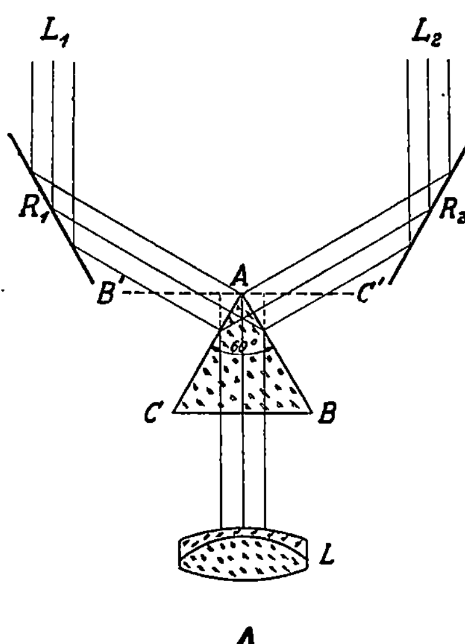

Abb. 25. Verwendung eines 60gradigen Reflexionsprismas zur Herstellung einer scharfen Trennungslinie zwischen zwei auf ihre Helligkeit miteinander zu vergleichenden Flächen.

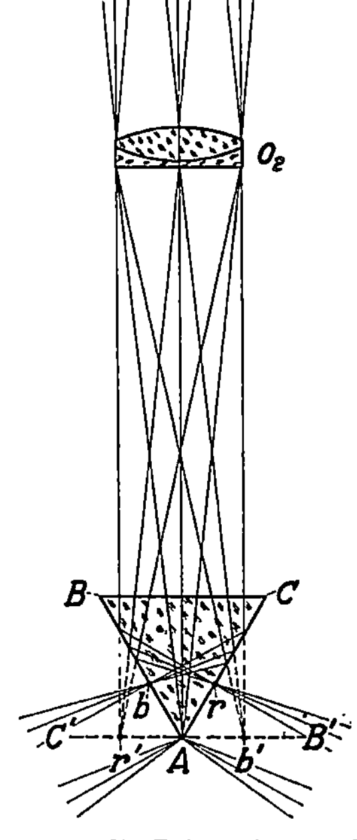

Abb. 26. Dasselbe Prisma in umgekehrter Reihenfolge des Strahlenganges für die Zerlegung eines Spektrums in zwei Teile. In der Abbildung ist auf die Strahlenbrechung im Glase absichtlich keine Rücksicht genommen worden.

Weise, daß man an die Stelle des lichtgebenden geraden Spaltes T einen Spalt mit entsprechend gekrümmten Spaltbacken setzt.

Das Glasprisma ABC ist, allerdings im umgekehrten Strahlengang, bereits mit bestem Erfolg in der Photometrie benutzt worden (siehe Abb. 25). Es vermeidet mit einem Schlage die bei Photometern anderer Art immer wieder zu beklagende Störung, die dadurch entsteht, daß es außerordentlich schwierig ist, eine scharfe Trennungslinie zwischen den beiden miteinander zu vergleichenden Feldern herzustellen. Bei Anwendung des Prismas ABC ist zur dauernden Erreichung dieses Zweckes nur nötig, daß die beiden eben polierten

Flächen AB und AC in scharfer Kante A aneinanderstoßen und
einen Winkel von 60^0 einschließen. Man sieht dann beim Einblick
durch das auf die Schneide A eingestellte Okular in AC das Spiegelbild AB' der von L_2 beleuchteten Fläche AB und in AB das
Spiegelbild AC' der von L_1 beleuchteten Fläche AC. Infolge des
60^0-Winkels kommen die beiden Spiegelbilder somit unmittelbar
nebeneinander in eine senkrecht zur Blickrichtung gelegene Ebene
zu liegen. Die scharfe Trennungslinie zwischen den beiden Feldern
hängt ausschließlich und allein von der Sauberkeit der Kante A ab
und bleibt erhalten, solange die Kante intakt bleibt.

Bei unserer jetzigen, in Abb. 24 dargestellten Anordnung treten
die das Spektrum (r'-A-b' in Abb. 26) erzeugenden Strahlen durch
die Fläche BC in das Prisma ein. Es findet also jetzt durch Reflexion
an den in A zusammenstoßenden Spiegelflächen des Prismas eine Auf-
teilung des Spektrums durch die scharfe Kante A in der
Weise statt, daß die eine Hälfte durch Reflexion an AC auf die Fläche
AB und die andere Hälfte durch Reflexion an AB auf die Fläche
AC zu liegen kommen. Die Wahl dieses Prismas in Verbindung mit
einem festarmigen Spektralapparat ist besonders deshalb eine glück-
liche zu nennen, weil, abgesehen von der scharfen Trennung der beiden
Hälften des Spektrums, das Prisma seine Lage unverändert beibehalten
kann, während die zur Messung notwendige relative Verschiebung
von Spektrum und Prismenkante A hier allein durch seitliche Verschiebung des Spektrums mit Hilfe der Mikrometerschraube M vorgenommen wird. Auch können die Angaben der Mikrometerschraube
ohne weiteres zur Ermittlung der Lage der Prismenkante A innerhalb
des Spektrums benutzt werden [1]).

Es muß daher zunächst eine Graduierung der Angaben der Mikrometerschraube nach Wellenlängen vorgenommen werden. Wir be-
leuchten zu dem Ende den Spalt T mit Lichtquellen, die Spektrallinien von bekannter Wellenlänge aussenden, benutzen zur Beobachtung
der beiderseitigen Spektrumhälften eine an der Prismenfassung angebrachte, um die Kante A zum Drehen eingerichtete Lupe und stellen
auf jede einzelne Spektrallinie so ein, daß der auf der Fläche AB
liegende Teil des Spaltbildes ebenso breit ist wie der auf der Fläche
AC liegende. Die den einzelnen Spektrallinien zugehörigen Wellenlängen werden in tunlichst großem Maßstab auf Millimeterpapier als

---

[1]) Die beiden das Spektrum erzeugenden Prismen P_1 und P_2 müssen
natürlich hinsichtlich ihrer Dispersion so gewählt werden, daß das Spektrum
voll von den beiden Flächen des Prismas ABC aufgenommen wird. Im
anderen Falle schaltet man P_1 aus und stellt das Kollimatorrohr K_1 zu P_2
neu ein.

Abszissen und die Ablesungen am Mikrometerwerk als Ordinaten aufgetragen. Aus der die Endpunkte der Ordinaten verbindenden Kurve kann man dann später zu jeder Ablesung am Mikrometerwerk die zugehörige Wellenlänge entnehmen.

Nach erfolgter Graduierung des Mikrometerwerks wird die Lupe zur Seite geschlagen und der für die Betrachtung der kreisenden Marke dienende Stereoskopapparat an den Spektralapparat herangerückt und zu ihm in eine solche Lage gebracht, wie sie in Abb. 24 dargestellt ist.

Der Stereobetrachtungsapparat besteht aus zwei mit Anpassung · an den Augenabstand eingerichteten Okularen mit kreisförmigen Blenden in der Ebene des Gesichtsfeldes, ferner aus zwei Reflektoren R_1 und R_2, durch die die von den Spektren kommenden Strahlen beiderseits in die Blickrichtung des Beobachters gebracht werden. Dazu kommt noch ein Objektiv O_3, welches die zwischen O_2 und P_2 eingesetzten Marken m und n beiderseits in den Bildfeldebenen der Okulare abbildet. Die Marken hätten ebensogut als Halbbildmarken ($m_1 n_1$ und $m_2 n_2$) in die Bildfeldebenen der Okulare eingesetzt werden können. In beiden Fällen erscheinen die Marken dunkel auf hellem Grunde, und zwar beiderseits in dem Farbengemisch der zugehörigen Hälfte des Spektrums.

Bei dem Aufbau des Apparates ist auch darauf Rücksicht genommen worden, daß das in der Austrittspupille (AP in Abb. 24) links und rechts zustande kommende Bild der Hälfte des Spektrums so stark verkleinert wird, daß es bequem von der Pupille des Auges umfaßt wird.

Während das im nächsten Abschnitt zu beschreibende Stereospektralphotometer schon seit länger als einem Jahre zu Versuchen in Benutzung ist, war das vorbeschriebene Instrument kurz vor der Niederschrift dieser Zeilen nur so weit gediehen, daß ich mich bis jetzt nur von dem richtigen Funktionieren des Apparates haben überzeugen können. Über die mit ihm vorzunehmenden Versuche soll später berichtet werden.

Das nächste wird sein, daß wir den von Hans Lehmann auf theoretischem Wege abgeleiteten Zusammenhang zwischen der Temperatur der Lichtquelle und der Lage der Spektrumsmitte das Ergebnis unserer Messung an einer Reihe von Lichtquellen gegenüberstellen. Da mit wachsender Temperatur der Lichtquelle die dem Maximum der Helligkeit entsprechende Stelle des Spektrums eine Verschiebung in der Richtung vom roten zum blauen Ende erleidet, so muß eine gleichgerichtete Verschiebung mit wachsender Temperatur auch für die Spektrumsmitte stattfinden. Um also unseren Apparat für die Temperaturbestimmung glühender Körper verwendbar zu machen, haben wir vorher unsere Wellenlängenskala empirisch zu graduieren, was in erster Annäherung mit Hilfe des schwarzen Körpers geschehen kann.

Ob die jedesmalige Spektrumsmitte mit dem jedesmaligen Helligkeitsmaximum des Spektrums zusammenfällt, ist noch eine offene Frage, die aber mit dem in diesem Abschnitt beschriebenen Apparat und dem im nächsten Abschnitt beschriebenen Stereospektralphotometer beantwortet werden kann. Für die Beantwortung dieser unserer Frage ist zu berücksichtigen, daß das mit dem Stereospektralphotometer gefundene Maximum vor dem Vergleich mit der Spektrumsmitte auf das Normalspektrum reduziert werden muß (siehe dieserhalb weiter unten), während für die mit dem vorliegenden Apparat gefundene Spektrumsmitte eine solche Reduktion meines Erachtens nicht erforderlich ist.

Auch auf verschiedene Fragen der physiologischen Optik wird der Apparat eine eindeutige Antwort geben können, so z. B., ob für ein und dieselbe Lichtquelle. die Spektrumsmitte ihre Lage unverändert beibehält, wenn man die Helligkeit des Spektrums durch Einengung des Lichtspaltes T immer mehr herabdrückt. Von besonderem physiologischen Interesse wird es auch sein, die Ergebnisse der Messungen an farbentüchtigen Personen mit den Ergebnissen der Messungen an Farbenblinden zu vergleichen.

22. Das Stereospektralphotometer,

mit dessen Einrichtung und Handhabung wir uns im folgenden etwas näher befassen wollen, beansprucht in theoretischer und praktischer Hinsicht ein besonderes Interesse deshalb, weil es die Möglichkeit bietet, das dem einen Auge dargebotene Gesichtsfeld mit jeder beliebigen Farbe des Spektrums einer Lichtquelle und das dem anderen Auge dargebotene Gesichtsfeld mit jeder beliebigen Farbe des Spektrums derselben oder einer anderen Lichtquelle zu erhellen und hierbei das Verhalten der „kreisenden Marke" zu einer alle einzelnen Teile des sichtbaren Spektrums umfassenden heterochromen Photometrie zu verwerten.

Der Aufbau des Stereospektralphotometers ist aus der Schnittzeichnung Abb. 27 und aus der nach einer Photographie des Apparates hergestellten Abb. 28 zu ersehen. Es wurden zwei festarmige geradsichtige Spektralapparate (nach Löwe l. c.), auch Monochromatoren genannt, nebeneinander gestellt und in feste Verbindung miteinander gebracht. Die beiden T_1 sind die licht-.gebenden Spalte, vor denen die zu untersuchenden Lichtquellen in der weiter unten angegebenen Weise aufgestellt werden. Die beiden T_2

sind die ebenfalls mit
Meßvorrichtungen
versehenen Durchlaß-
spalte für die zu un-
tersuchenden Spek-
tralbezirke.

Die Einstellung
jedes der beiden Spek-
tralapparate auf einen
bestimmten von T_2
durchgelassenen Spek-
tralbezirk geschieht
durch mikrometrische
Drehung der Prismen
P_1 und P_2 um ihre
zugehörigen Achsen
Z_1 und Z_2. Die mit
einem Umdrehungs-
zähler und einer 100-
teiligen Trommel ver-
sehene Mikrometer-
schraube M_1 mißt die
Drehungswinkel der
Prismen. Die Scheibe
M_2 dient zur Auf-
nahme der in Ein-
heiten von μμ ge-
teilten Wellenlängen-
skala in Spiralform.
In Abb. 28 ist die
Spiralteilung für den
rechten Apparat gut
zu sehen, auch die
Schnurlaufübertra-
gung, welche es dem
Beobachter ermög-
licht, mit der auf
dem Tisch ruhenden
rechten Hand die
Meßschraube M_1 zu
bewegen. Aus den
weiter unten angege-
benen Gründen wurde

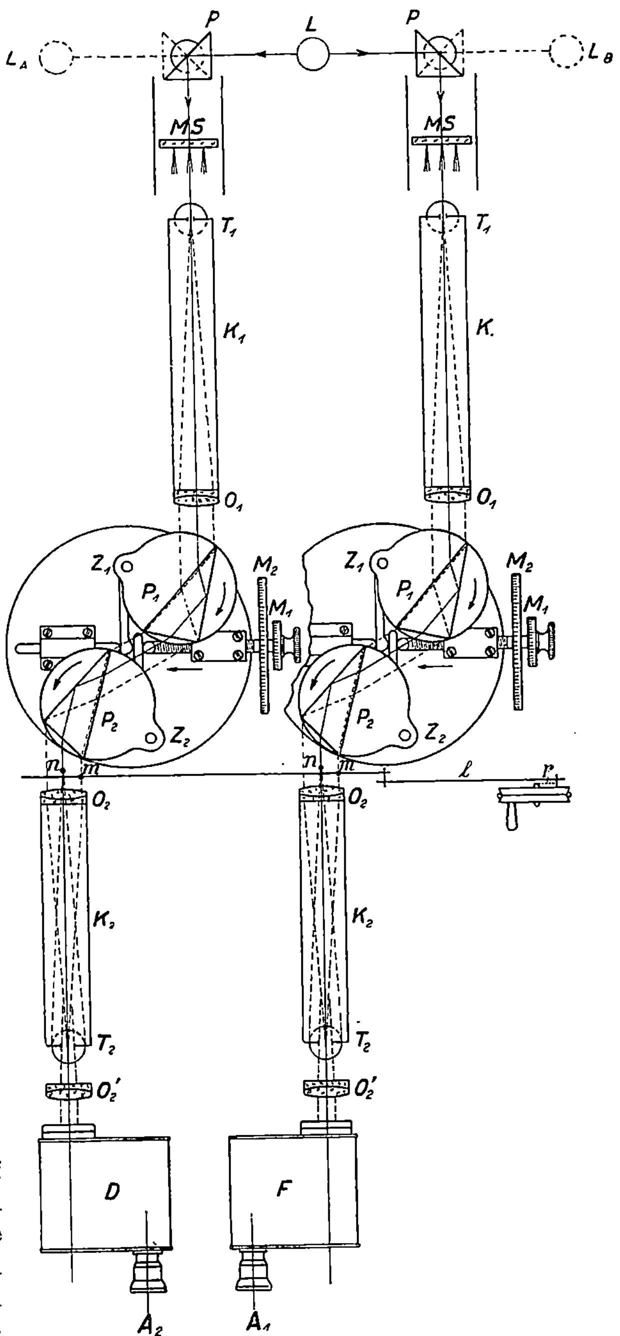

Abb. 27. Horizontalschnitt durch d. Stereospektralphotometer.

es für nicht erforderlich gehalten, eine ebensolche Schnurlaufübertragung auch an der Mikrometerschraube M_1 des linken Apparates anzubringen. Die Ermittlung der $\mu\mu$-Skala geschieht in bekannter Weise auf graphischem Wege nach den Winkelangaben der Meßschraube M_1 für eine größere Anzahl von Spektrallinien bekannter Wellenlänge. Die fertige Skala läßt sich dann noch in der Weise revidieren und nötigenfalls berichtigen, daß man für eine größere Anzahl von bekannten Spektrallinien die Abweichungen in den Angaben der Skala von den wahren Werten $\mu\mu$ feststellt. Man trägt dann die gefundenen Abweichungen als Ordinaten auf und entnimmt aus der durch die Endpunkte gezogenen Kurve die an den einzelnen Strichen der $\mu\mu$-Skala anzubringende Korrektion.

m und n in Abb. 27 sind unsere Halbbildmarken, wieder wie früher Nähnadeln. Sie befinden sich beiderseits zwischen dem Prisma P_2 und dem Objektiv O_2. Ihre Beobachtung geschieht in einem Doppelfernrohr DF, bei dem die Anpassung an den Augenabstand des Beobachters durch eine gleichmäßige, aber entgegengesetzt gerichtete Drehung der Einzelrohre um die mit T_2 zusammenfallende Objektivachse vorgenommen wird. Damit die Marken m und n in dem auf Unendlich eingestellten Fernrohr zur Abbildung gelangen, ist dem Fernrohr beiderseits noch ein Objektiv O_2' vorgesetzt worden, das die von den einzelnen Punkten der Marken m und n ausgehenden divergierenden Strahlen als parallele Strahlenbündel dem Fernrohr zuführt. Die Vergrößerung des Fernrohres ist so gewählt, daß das in der Austrittspupille liegende Spaltbild von T_2 kleiner ist als die Pupille des Auges.

Der Beobachter sieht dann in jedem der beiden Rohre das Objektiv O_2 ausgefüllt durch Licht von der Spektralfarbe des von T_2 hindurchgelassenen Spektralbezirkes und darin die dunklen Marken m und n. Die übereinstimmende Höhenlage der beiden Markenbilder im DF wird durch Vertikalverschiebung des einen Objektivs O_2' und der für die stereoskopische Betrachtung passende Abstand der beiderseitigen Markenbilder voneinander durch mikrometrische Verschiebung des anderen Objektivs O_2' in horizontaler Richtung erreicht. Bei dem in Abb. 28 wiedergegebenen Apparat befinden sich diese Objektive O_2' im Innern des Kollimatorrohres K_2 und unmittelbar vor dem Spalt T_2, eine Anordnung, welche für die Justierung des Apparates eine Einschränkung bedeutet, die bei der vorbeschriebenen neuen Anordnung vermieden wird.

Von den in obiger Abb. 13 dargestellten und durch die Anordnung in Abb. 16 verwirklichten Bewegungsmöglichkeiten der Marken m und n ist hier nur zum Teil Gebrauch gemacht worden. Die Marken n bleiben stehen, und nur die Marken m werden bewegt, und zwar durch den oben erwähnten, in Abb. 28 mitabgebildeten Heißluftmotor. Im übrigen kann hier, wie früher angegeben, durch Veränderung des Radius r der Drehscheibe (siehe Abb. 27) der Ausschlag der hin und her gehenden Marke m verändert und durch Veränderung der Länge l der Kurbelstange der Mittelpunkt der kreisenden Marke zur feststehenden seitlich verschoben werden. Der Beobachter hat also die Möglichkeit, die Marke in verschieden großem Abstand um n als Mittelpunkt kreisen (siehe Abb. 13 a) oder sie in der Blickrichtung (siehe Abb. 13 c) an n vorbeifliegen zu lassen.

Bei den in den Abschnitten 15, 17, 18 und 20 beschriebenen Stereo-

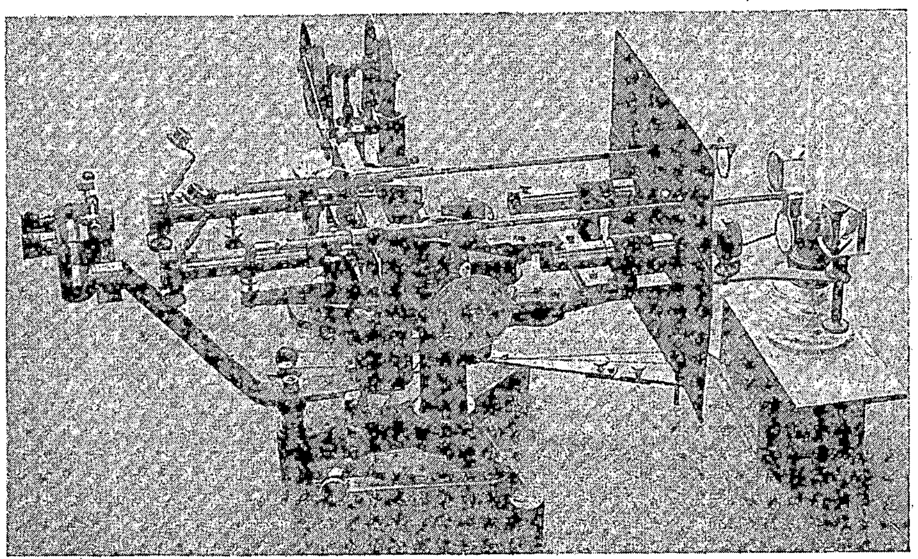

Abb. 28. Das Stereospektralphotometer (nach einer Photographie).

photometern waren die Marken m und n in der Bildfeldebene des Okulars untergebracht. Da sie, um gleichzeitig scharf zu erscheinen, in einer Ebene liegen müssen, mußte die eine Marke m so über der anderen n angeordnet werden, daß sich die Spitzen nicht berühren. Bei dem vorliegenden Stereospektralphotometer sind wir an diese Bedingung nicht gebunden. Wir können die Marken m und n dank der Strahlenbegrenzung durch den Spalt T_2 auch in zwei hinter-einander gelegenen Ebenen unterbringen, ohne daß die Markenbilder aufhören, gleichmäßig scharf zu erscheinen. Wir können also jetzt die Höhenlage der beiden Marken zueinander auch so wählen, daß die beiden Nadeln mit einem Teil ihrer Länge nebeneinander zu liegen

kommen, ohne befürchten zu müssen, daß sie sich gegenseitig weh
tun. Es ist nicht ausgeschlossen, daß diese Anordnung von Personen,
die besonders gut stereoskopisch sehen können, bei Einstellung der
Marke m nach Abb. 13 c als ein Vorzug gegenüber den übereinander
angeordneten Marken beurteilt wird.

Zur Begrenzung und Einengung des Gesichtsfeldes ist
zwischen den Marken und dem Objektiv O_2 je eine Schieberblende
mit einer Reihe von paarweise links und rechts gleichgroßen, sonst
aber verschieden großen kreisförmigen Öffnungen vorgesehen. Im
allgemeinen wird man die Messung mit links und rechts gleichgroßen
Blenden ausführen und den Schieber so einstellen, daß das Raumbild
der Blendenöffnung vor das Raumbild der kreisenden Marke zu liegen
kommt, wie das auch bei den stereoskopischen Landschaftsbildern
der Firma der Fall ist, wo man durch die Bildumrahmung wie durch
ein Fenster vom Zimmer aus auf die Landschaft draußen hinausschaut.
Macht man in den Blendenrand ringsum kleine, links und rechts genau
gleiche Einkerbungen, so ist die Möglichkeit gegeben, die verschiedenen
Teile der Netzhaut auf ihre Reaktionsfähigkeit der Erscheinung der
kreisenden Marke gegenüber zu untersuchen. Diese Einkerbungen
dienen hierbei dazu, die Blickrichtung des Beobachters festzuhalten.
Bei den kleinsten Blendenöffnungen kann man diese Anhaltspunkte
auch außerhalb der Blendenöffnung anbringen.

Noch ein anderes physiologisches Arbeitsgebiet soll hier kurz erwähnt werden, das sich auf die gleichzeitige Anwendung ungleichgroßer
Blenden links und rechts bezieht. Es fragt sich nämlich, ob die Erscheinung der kreisenden Marke nicht durch die überschießende Randzone
der durch die größere Blendenöffnung beleuchteten Netzhaut beeinflußt
wird. Ich habe bisher einen solchen Einfluß nicht konstatieren können.
Hatte ein gut stereoskopisch sehender Beobachter vorher bei gleichgroßen Blenden auf gleiche Helligkeit — Geradlinigkeit der Bewegung
des Raumbildes der Marke m — eingestellt, so blieb die Erscheinung
der Geradlinigkeit der Bewegung erhalten, wenn die eine der beiden
Blendenöffnungen durch eine größere ersetzt wurde. Im ersten Augenblick ist man geneigt, zu glauben, daß die geradlinige Bewegung des
Raumbildes in eine kreisende übergehen müsse, da ja durch die größere
Blendenöffnung mehr Licht in das Auge gelangt als durch die kleinere.
Dieses Licht verteilt sich aber auf der Netzhaut auf eine größere Fläche,
wobei die Flächenhelligkeit die gleiche bleibt. Eine etwaige Änderung
der Erscheinung kann daher nur durch den Einfluß der vorbezeichneten
überschießenden Zone der beleuchteten Netzhaut hervorgerufen werden.
Die Sache verdient weiter untersucht zu werden, doch ist hierzu nicht
unbedingt das Stereospektralphotometer erforderlich. Derartige
Untersuchungen können auch mit einem einfacheren Apparat gemacht

werden, sofern man diesen ebenfalls mit auswechselbaren Blendenöffnungen ausrüstet.

23. Die Regulierung der Beleuchtung.

Für den Vergleich der Helligkeiten zweier Spektralbezirke des
Spektrums einer Lichtquelle ist es von größter Bedeutung, daß die
Helligkeiten in beiden Gesichtsfeldern für einen und denselben Spektralbezirk genau gleich sind. Zwar kann man durch Vertauschen von links
und rechts den Einfluß einer ungleichen Beleuchtung unschädlich
machen, doch ist es von Vorteil, auf die Wiederholung dieses Vergleichs verzichten zu können, was auch der Fall ist, wenn man die
Beleuchtung für beide Spalte T_1 genau gleich macht.

Zunächst haben wir also dem Apparat selbst seine Nulleinstellung
zu geben, d. h. man stellt die vier Spalte T_1 und T_2 auf genau die gleiche
Spaltbreite und mit Hilfe eines nachträglich vor T_2 angebrachten
verstellbaren horizontalen Spaltes T_2 auch auf gleiche Länge ein.
Alsdann darf, wenn in beiden Apparaten links und rechts auf den
gleichen Spektralbezirk, am besten auf das Helligkeitsmaximum,
eingestellt wird — bei diskontinuierlichen Spektren benutzt man
die gleiche Spektrallinie links und rechts —, das Raumbild der hin
und her gehenden Marke kein Kreisen mehr erkennen lassen. Hierbei ist allerdings vorausgesetzt, daß die beiden Prismen P_1 und P_2
in der Werkstatt so eingestellt sind, daß die in T_2 sichtbaren Bilder
von T_1 im linken und im rechten Apparat genau die gleiche Breite
erhalten wie der lichtgebende Spalt, eine Forderung, die beim Justieren
des Apparates in der Werkstätte in ausreichendem Maße erfüllt ist.

Die ersten Versuche mit dem Stereospektralphotometer
habe ich an dem Licht einer Petroleumlampe mit Rundbrenner
vornehmen lassen. Die Lampe wurde einfach zwischen zwei recht-
winkelige Reflexionsprismen gestellt, die außen auf die Spaltköpfe
von T_1 aufgesetzt waren. Nach sorgfältigem Reinigen des Dochtes
gelang es durch Drehen und Verschieben der Lampe eine ausreichend
gleichmäßige Beleuchtung in beiden Bildfeldern herzustellen. Die
Anordnung versagte aber vollständig, als ich daran ging, zur Beleuchtung
der beiden Spalte T_1 Gasglühlicht oder das Licht einer elektrischen
Glühlampe oder einer Quecksilberlampe zu verwenden.

Ich bin dann zu der aus Abb. 27 und 28 ersichtlichen neuen Versuchs-
anordnung übergegangen und darf nach den damit gemachten Erfahrungen wohl sagen, damit das Richtige getroffen zu haben. Die
Lampe und die beiden Reflexionsprismen habe ich hierbei auf einen
Abstand von etwa 15 cm vom Apparat fortgerückt, um Platz zu gewinnen für eine beiderseits zwischen dem Prisma und dem Spalt einzusetzende mattgeätzte Glasplatte (*MS* in Abb. 27), deren Abstand

vom Spalt vom Beobachtungsplatz aus innerhalb der angegebenen Grenzen beliebig variiert werden kann. Auf diese Weise wird die Glasplatte zu einer sekundären Lichtquelle, die nicht allein eine vollkommen gleichmäßige Erhellung des Gesichtsfeldes gewährleistet, sondern auch ermöglicht, die Helligkeiten links und rechts einander genau gleich zu machen, was, wie gesagt, daran erkannt wird, daß die Bewegung des Raumbildes der Marke als eine geradlinige erscheint.

Die Verschiebung der Mattscheibe MS geschieht, wie aus Abb. 28 ersichtlich, mittels Zahn und Trieb. Ein neben der Triebstange befindlicher Millimeter-Maßstab gibt dem Beobachter an seinem Platz jederzeit Aufschluß darüber, wo sich die Glasplatte befindet. Gegen seitlich auffallendes Licht ist die Glasplatte durch die aus Abb. 27 erkennbare Blende — in Abb. 28 absichtlich weggelassen — geschützt. Auch kann die Glasplatte durch Drehen der Stange in der vorderen nahe dem Spalt T_1 gelegenen Anschlagstellung nach oben gestellt und somit aus dem Strahlengang ausgeschaltet werden. In dieser Lage läßt sich die Glasplatte MS ganz hinter den Spaltkopf zurückziehen, so daß jetzt der Spalt T_1 für die Anbringung einer Geißlerschen Röhre z. B. vollständig frei liegt. Das Ausschalten der Glasplatte aus dem Strahlengang ist besonders wichtig für die erstmalige Einstellung der Lampe und der beiden Reflexionsprismen, die so zu erfolgen hat, daß eine tunlichst gleichmäßige Erleuchtung beider Gesichtsfelder erreicht wird.

Jedes der beiden vorgenannten Reflexionsprismen ist auf einem am Apparat angeschraubten Arm befestigt und um die Vertikalachse zum Drehen eingerichtet, so daß wir bei dem Vergleich von zwei Lichtquellen eine derselben oder auch beide von außen vor die Prismen stellen können.

24. Verlauf der Erscheinung beim Vergleich einer Farbe mit den übrigen Teilen des Spektrums einer Petroleumlampe.

Nach erfolgter Regulierung der Beleuchtung stellen wir den einen Spektralapparat, z. B. den linken, auf einen beliebig gewählten Spektralbezirk, beispielsweise auf die im Grün liegende Wellenlänge 540 $\mu\mu$, ein und durchwandern jetzt mit dem rechten Apparat, im äußersten Blau beginnend, das ganze Spektrum. Wir machen auf diesem Wege an den einzelnen Stellen des Spektrums Halt und sehen zu, wie sich die kreisende Marke an dieser Stelle verhält.

Wir erhalten dann das in Abb. 29 veranschaulichte Resultat:

Im blauen Teile beobachten wir eine starke Linksdrehung der Marke. Sie wird mit der Annäherung des rechten Auges an unser obiges Grün, auf das das linke Auge dauernd eingestellt ist, immer geringer, an dieser Stelle geradlinig und geht gleich dahinter in eine Rechtsdrehung über, die am stärksten ist, wenn das rechte Auge Gelb erhält. Von hier aus nimmt die Rechtsdrehung wieder ab, wird bei einer bestimmten Stelle im Rot — bei 650 $\mu\mu$ — wieder geradlinig, um dann gleich hinterher in eine mit dem Vorrücken nach dem roten Ende des Spektrums immer stärker werdende Linksdrehung überzugehen.

Hat man den rechten Apparat auf den gleichen Spektralbezirk im Grün eingestellt, auf den vorher der linke Apparat eingestellt war, und durchwandert jetzt mit dem linken Apparat das Spektrum, so

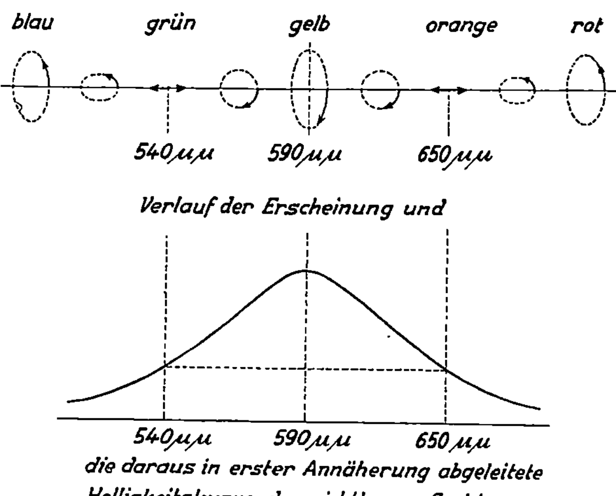

Abb. 29. Die im Spektrum der Petroleumlampe beobachtete Erscheinung der kreisenden Marke.

kehrt sich in Abb. 29 nur die Pfeilrichtung um. Die Stellen, wo Geradlinigkeit der Bewegung beobachtet wird, bleiben die gleichen wie vorher.

Es ist in hohem Maße bezeichnend für unser Verfahren, daß fast jeder Beobachter, dem man den Verlauf der Erscheinung zum erstenmal zeigt, auf den Wechsel und die Verschiedenheit der Farben links und rechts kaum achtet. Seine Aufmerksamkeit wird ausschließlich von der im Raum sich drehenden Marke in Anspruch genommen. Auch eine Beeinträchtigung der Einstellgenauigkeit durch die Verschiedenheit der Farben habe ich bisher noch bei keinem Beobachter feststellen können. Ein Beobachter hat mir sogar in allem Ernst erklärt, er glaube besser einstellen zu können, wenn die Farben links und rechts verschieden sind, als bei gleichen Farben. Vielleicht ist das etwas zu viel gesagt. Aber die Bemerkung bezeichnet mehr als alles andere den großen

Fortschritt, den die stereophotometrische Methode in der Überwindung der Schwierigkeiten aufzuweisen hat, die bisher allen in Vorschlag gebrachten Methoden der heterochromen Photometrie hindernd im Wege standen.

Nach dem beschriebenen Verlauf der Erscheinung können wir also jetzt allein auf Grund unserer Definition der Gleichheit heterochromer Helligkeiten (siehe Abschnitt 11), ohne vorher irgend etwas über die Helligkeitsverteilung im sichtbaren Spektrum zu wissen, darüber folgendes aussagen:

1. Die beiden Spektralbezirke im Rot und Grün, bei denen das Raumbild der Marke geradlinig hin und her geht, haben gleiche Helligkeit.

2. Von diesen Stellen aus nimmt die Helligkeit nach den Enden des Spektrums gleichmäßig ab und nach der Mitte des Spektrums zu.

3. Das Maximum der Helligkeit liegt im Gelb.

In erster Annäherung kann also der Helligkeitsverlauf im sichtbaren Spektrum der Petroleumlampe durch die in Abb. 29 gezeichnete Kurve wiedergegeben. werden.

Wir können aber sofort noch einen Schritt weiter gehen, indem wir nämlich in unserem obigen Versuch den linken Apparat, statt auf 540 $\mu\mu$, auf 550 $\mu\mu$, 560 $\mu\mu$ .... einstellen, also auf Stellen des Spektrums, die dem Helligkeitsmaximum näher liegen und dann jedesmal in dem anderen Apparat auf der anderen Seite des Helligkeitsmaximums die gleichhellen Stellen aufsuchen und deren Wellenlänge an der $\mu\mu$-Skala ablesen. Wir werden finden, daß in demselben Maße, wie der auf der blauen Seite des Maximums gelegene Spektralbezirk dem Maximum näherrückt, dies auch der mit ihm gleichhelle Spektralbezirk auf der roten Seite des Maximums tut. So rücken die beiden gleichhellen Stellen des Spektrums einander immer näher, und man kann die Lage des Maximums ohne weiteres aus der graphischen Eintragung der gefundenen Werte entnehmen. Für unsere Petroleumlampe ergab sich auf diese Weise die Lage des Helligkeitsmaximums zu 590 $\mu\mu$. Für zerstreutes Tageslicht, an einem Wintertag gegen Norden beobachtet, wurde das Helligkeitsmaximum bei 570 $\mu\mu$ gefunden. Die Zahlen bedürfen einer Reduktion auf das Normalspektrum. Hierüber siehe weiter unten. Daß man es wirklich mit dem Maximum zu tun hat, läßt sich in der Weise nachweisen, daß man beispielsweise den linken Apparat auf die für das Maximum gefundene Wellenlänge einstellt. Man wird dann in dem Spektrum des anderen Apparates nur eine Stelle finden, nämlich die des Maximums, wo das Raumbild der Marke sich geradlinig bewegt. Vor und hinter dieser Stelle dreht sich die Marke in gleichem Sinne, nämlich links herum und immer stärker, je weiter wir uns vom Maximum entfernen.

25. Was tritt ein, wenn man mit dem einen Auge die Grenzen des sichtbaren Spektrums überschreitet?

Unsere vorstehende Beschreibung des Verlaufs der kreisenden Marke innerhalb des sichtbaren Spektrums würde unvollständig bleiben, wenn wir die Vorgänge, die sich an den äußersten Enden des sichtbaren Spektrums und darüber hinaus abspielen, gänzlich unerörtert lassen wollten. Gewiß wird der Ausschlag der kreisenden Marke (siehe Abb. 29) mit der Annäherung an die Enden des Spektrums immer größer. Schließlich aber muß man an eine Stelle kommen, wo die von der Lichtquelle ausgesandten Strahlen aufhören, im Sinne einer Gesichtswahrnehmung wirksam zu sein. Alsdann sieht man die hin und her gehende Marke nur noch mit einem Auge, und von einem beidäugig wahrgenommenen Raumbild kann keine Rede mehr sein.

So verlockend es auch sein mag, in eine Spezialuntersuchung darüber einzutreten, wo diese Stellen für Spektren verschiedener Art und für verschiedene Personen gelegen sind, möchte ich mich hier auf einige Bemerkungen beschränken, die in methodischer Hinsicht für eine spätere Untersuchung nach dieser Richtung mir der Beachtung wert erscheinen.

Gewiß muß in dem Augenblick, in dem das eine Auge aufhört, die bewegte Marke zu sehen, der eigentliche Stereoeffekt der kreisenden Marke verschwinden. Aber damit ist nicht gesagt, daß der Beobachter die geradlinige Bewegung der Marke auf Grund der nur einäuiggen Beobachtung auch geradlinig beurteilt. Denn legen wir durch das Auge und den von der Markenspitze zurückgelegten geraden Weg eine Ebene, so hat die Phantasie des Beobachters freien Spielraum, die Markenspitze in dieser Ebene nach Belieben auf geraden oder krummen Wegen rechtsläufig oder linksläufig hin und her wandern zu lassen, ohne daß sich an dem direkten Anblick der bewegten Marke irgend etwas ändert. Eine bestimmte Vorstellung wird natürlich vorherrschend sein, und zwar diejenige, die durch die mehr oder weniger lebhafte Erinnerung an einen wiederholt vorher beobachteten Bewegungsvorgang erzeugt wird. Eine so erzeugte Vorstellung kann natürlich auch wechseln. Das ist mit vielen Dingen so, wobei es gar keinen Unterschied macht, ob man einen Gegenstand mit einem Auge oder vollkommen identische Bilder desselben Gegenstandes mit beiden Augen betrachtet. Ich erinnere nur an die bekannten Bewegungstäuschungen, denen man beim Anblick der sich drehenden Flügel einer entfernten Windmühle in bezug auf den Sinn der Drehung ausgesetzt ist, je nachdem man die Vorstellung hat, daß man sich vor den Flügeln oder dahinter befindet. Ich erinnere ferner an die bei der Betrachtung von Bildern körperlicher Gegenstände durch Beleuchtung der Bilder in entgegengesetzter Richtung hervorgerufenen Gestaltstäuschungen, die z. B. die Krater auf Mondphotographien oder die Granatlöcher auf Fliegerbildern als Blasen erscheinen lassen. So ist mir auch wiederholt entgegengehalten worden, daß die in der Prüfungstafel (1908) für stereoskopisches Sehen befindlichen Marken, von denen der „Schlüssel" angibt, daß sie in genau der gleichen Entfernung mit dem daneben stehenden Gegenstand gelegen sind, nicht immer in der gleichen Entfernung gesehen werden. In solchen Fällen konnte leicht nachgewiesen werden, daß der vom Beobachter angegebene Tiefenunterschied ein scheinbarer war, der nur in der Vorstellung des Beobachters besteht, aber nichts mit der durch Bilddiferenzen bedingten stereoskopischen Wahrnehmung zu tun hat. Hierbei sucht der Beobachter dann mehr oder weniger unbewußt nach anderen Anhaltspunkten für die Beurteilung der Entfernung und findet, wie im vorliegenden Falle der Prüfungstafel, einen solchen Anhalt auch in dem Umstand, daß die betreffende Marke und der neben ihr befindliche Teil des Bildes ungleich groß sind, wobei er die Gesetze der Perspektive, von denen der Maler bekanntlich einen ausgiebigen Gebrauch macht, mehr oder weniger unbewußt auch auf ungleichartige Gebilde ausdehnt.

Eine solche Beeinflussung unserer Vorstellung ist natürlich nur möglich, wenn die Bilder in beiden Augen vollkommen identisch sind. Sie tritt auch auf, wenn man im Stereokomparator der Marke im linken und rechten Okular genau die gleiche relative Lage zu den Bildern eines isoliert stehenden Objektes, z. B. einer Stange, gibt, oder wenn man im Stereophotometer auf genaue Geradlinigkeit der Bewegung einstellt; denn dann liegen die Verhältnisse so wie in den oben angeführten Beispielen, und der Phantasie des Beobachters sind wieder Tür und Tor geöffnet.

Das ist ein Einwand, den man mit einiger Berechtigung gegen das stereoskopische Meßverfahren überhaupt erheben kann. Aber dieser Einwand trifft nur zu für den Fall, daß die Bilder links und rechts vollkommen gleich sind. Sobald parallaktische Bilddifferenzen vorliegen, die die Grenze des Wahrnehmbaren auch nur etwas überschreiten, ist es mit solchen Gestalts- und Bewegungstäuschungen vorbei. Der Phantasie sind wieder straffe Zügel angelegt, und an die Stelle der durch sie vorher erzeugten Vorstellung tritt jetzt die allein von den wahrgenommenen Bilddifferenzen beherrschte eindeutige Vorstellung des Tiefenunterschiedes, also in unserem Falle eine wirklich kreisende Bewegung des Raumbildes der Marke.

Daher erklärt es sich auch, weshalb Personen, die die letzten Fein heiten der Prüfungstafel für stereoskopisches Sehen nicht mehr zu erkennen vermögen, bei denen also die der Phantasie gezogenen Schranken weiter auseinander stehen, sehr viel leichter Täuschungen im

Erfassen der richtigen Einstellung ausgesetzt sind als normalsichtige Personen.

Für unsere vorliegende Aufgabe, die Stelle an den Enden des Spektrums zu bestimmen, wo die Lichtempfindung aufhört, machen wir aus den vorstehenden Erörterungen folgende Nutzanwendung. Wir vermeiden es, diese Stellen in der Richtung vom Inneren des Spektrums aus nach außen aufzusuchen, da dann leicht der Fall eintritt, daß der Beobachter glaubt, die Marke noch kreisen zu sehen, wo das eine Auge schon ausgeschaltet ist. Um das zu vermeiden, stellt der Beobachter das eine Auge von vornherein auf eine bestimmte außerhalb des Spektrums gelegene Stelle ein und nähert sich dann langsam dem sichtbaren Teil des Spektrums. Dann wird jedenfalls der Moment, in dem das Kreisen der Marke als solches in die Erscheinung tritt, viel schärfer präzisiert sein als der Moment, in dem das Kreisen der Marke aufhört, sichtbar zu sein. Das andere Auge stellt man hierbei zweckmäßig auf das Maximum der Helligkeit ein, damit das Kreisen der Marke an der gesuchten Stelle gleich in größter Stärke einsetzt. Es ist zu untersuchen, ob bei einem Wechsel des Spektralbezirkes im sichtbaren Spektrum die für das Maximum gefundenen Enden unverändert bestehen bleiben.

Ob für beide Augen des Beobachters die gleiche Stelle gefunden wird, bedarf ebenfalls der näheren Untersuchung. Auch fragt es sich, ob die für ein Auge gefundene Stelle sich verschiebt, und wie sie sich verschiebt, wenn man die Helligkeit des Spektrums einer Lichtquelle etwa durch Einengung der beiden Spalte T_1 immer mehr vermindert. Das sind alles Fragen, auf die zurzeit noch keine Antwort gegeben werden kann.

26. Messung der Helligkeit in den einzelnen Spektralbezirken als Bruchteil des Helligkeitsmaximums als Einheit.

Die Helligkeit im Gesichtsfeld jedes der beiden Fernrohre hängt ab von der Breite des Lichtspaltes T_1 und der Breite des Spektralbezirkes T_2. Wird nur einer der beiden Spalte, T_1 oder T_2, auf die Hälfte seiner ursprünglichen Breite eingestellt, so reduziert sich die Helligkeit auf die Hälfte, und auf ein Viertel, wenn auch der andere Spalt die halbe Breite erhält. Um den schädlichen Einfluß der beugenden Wirkung des Spaltes T_2 auf die Markenbilder m und n auf ein Minimum zu beschränken, läßt man T_2 auf 100 oder 200 Trommelteile stehen und macht die Messung allein mit dem Lichtspalt T_1.

Die Messung selbst machen wir in folgender Weise. Nach erfolgter Nulleinstellung des Apparates, bei der insonderheit die Spalte T_1 unter sich und ebenso die Spalte T_2 unter sich die gleiche Breite haben, stellen wir einen der beiden Apparate — wir wählen hierfür den linken

Apparat — auf die Wellenlänge des Helligkeitsmaximums, also für unsere Petroleumlampe auf 590 $\mu\mu$ ein. Wenn wir jetzt die Breite des Spaltes T_1 links verringern, indem wir z. B. von 100 auf 75 Trommelteile einstellen, so ist damit die Helligkeit im linken Fernrohr auf ¾ des Helligkeitsmaximums herabgedrückt, und wir haben nunmehr durch Drehen an der Mikrometerschraube M_1 rechts diejenigen

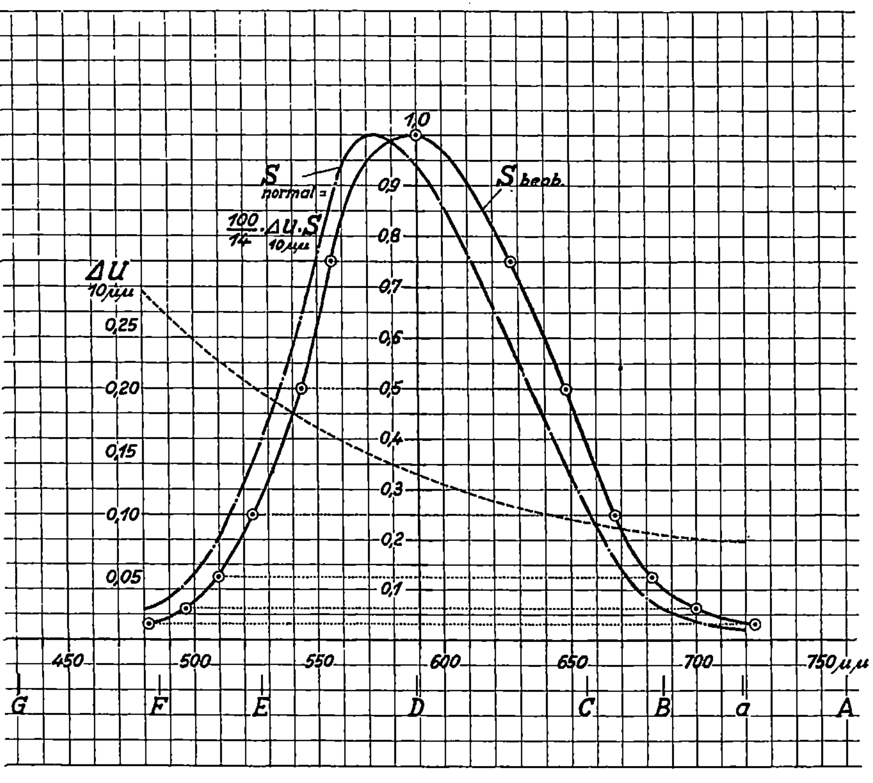

Abb. 30. Die im Spektrum einer Petroleumlampe beobachtete Sichtbarkeitskurve Sbeob. Snorm. bedeutet dieselbe Kurve nach erfolgter Reduktion auf das Normalspektrum.

Spektralbezirke im rechten Fernrohr aufzusuchen und an M_2 abzulesen, für die die kreisende Bewegung des Raumbildes in eine geradlinige übergeht. Wir werden finden, daß das für zwei Spektralbezirke zutrifft, von denen der eine rechts, der andere links vom Maximum gelegen ist (siehe Abb. 30 und Tabelle I). Von diesen beiden Spektralbezirken sagen wir dann, daß sie eine Helligkeit besitzen, die gleich ist ¾ der maximalen Helligkeit. Indem wir so zu immer kleineren Bruchteilen der maximalen Helligkeit übergehen, erhalten wir die gesuchte **Helligkeitskurve unseres prismatischen Spektrums.**

Für die Messung der mehr oder weniger weit ab vom Maximum gelegenen Spektralbezirke wählen wir, zum Teil als Kontrolle, zum Teil, um die Ungenauigkeiten zu vermeiden, die mit der Anwendung enger Spalte verbunden sind, einen etwas anderen Weg. Sind wir z. B., ausgehend von der Spaltbreite T_1 links $= T_1$ rechts $= 100$ Trommelteile, bei der Spaltbreite T_1 links $= 25$ Tr. T., also bei der Helligkeit 0,25 angelangt und wollen jetzt zur Helligkeit 0,20 übergehen, so lassen wir den Spalt T_1 links nicht mehr auf 590 $\mu\mu$ stehen, sondern stellen ihn auf eine der beiden Wellenlängen ein, die wir für die Helligkeit

Tabelle I.

Helligkeit S	Spektralbezirke (mittlere Wellenlänge)	
1	590 $\mu\mu$	
0,75	555,5 und 627,0	
0,50	543,5	648,5
0,25	523,5	668,0
0,125	509,5	682,0
0,063	496,5	700,0
0,031	482,0	723,5

0,25 gefunden haben. Die Spaltbreite, die wir dann dem Spalt T_1 links geben müssen, um dem von ihm erzeugten Spektralbezirk die Helligkeit 0,20 zu erteilen, berechnet sich aus $x:100 = 0,20:0,25$ zu $x = 80$ Trommelteile. Mit dieser Spaltbreite T_1 links suchen wir dann wieder wie vorher die Spektralbezirke auf, denen die Helligkeit 0,20 zukommt, usf.

Die gefundenen Resultate können in mannigfacher Weise auf ihre Richtigkeit geprüft werden, einmal in der Weise, daß man den einen Apparat auf den einen und den anderen Apparat auf den anderen Spektralbezirk einstellt, beiden Spalten T_1 die gleiche Breite gibt und dann zusieht, wie die Marke läuft. Sie darf dann keinerlei Kreisen zu erkennen geben. Auch das für mittlere und kleinere Helligkeiten oben angegebene Verfahren bietet diese Kontrollmöglichkeit. Aber wer will, kann hier noch ein übriges tun in der Weise, daß er den Spalt T_1 links einmal auf den Spektralbezirk links vom Maximum und dann auf den gleich hellen Spektralbezirk rechts vom Maximum einstellt. Man sieht, der Wege sind viele, die alle zum gleichen Ziele führen müssen und daher in ihren Angaben sich gegenseitig kontrollieren. Daher glaube ich auch, daß man wohl darauf verzichten kann, die Messungen noch einmal in der Weise auszuführen, daß man alle Einstellungen, die man bisher mit dem linken Spalt T_1 gemacht hat, jetzt mit dem rechten Spalt T_1 macht und zur Messung der Wellenlänge die Mikrometerschraube M des linken Apparates benutzt. Aus dem Grunde ist auch bei dem vorliegenden Instrument ganz darauf verzichtet worden, die Mikrometerschraube M des linken Apparates in der gleichen bequemen Weise dem Beobachter zugänglich zu machen, wie das mit der Mikrometerschraube M des rechten Apparates geschehen ist.

Für das Verhalten des Beobachters während der Messung gelten im allgemeinen die gleichen Grundsätze wie sonst bei photometrischen Arbeiten: tunlichste Schonung der Augen des Beobachters, daher Übertragung aller Operationen und Ablesungen, die er nicht unbedingt selbst machen muß, wie insonderheit die jedesmalige Einstellung des linken Spaltes T_1 und die Ablesung der Wellenlänge an einen Gehilfen; sodann mehrmalige Wiederholung der Einstellung, indem man immer abwechselnd einmal in der einen und dann in der anderen Richtung an die gesuchte Stellung herangeht. Daß die Betätigung der Marken zweckmäßig durch einen Heißluftmotor erfolgt, wurde bereits früher erwähnt. So hat der Beobachter nur auf die kreisende Marke zu achten und mit der auf dem Tisch ruhenden rechten Hand die Mikrometerschraube so lange zu verstellen, bis das Kreisen aufhört. Ich wiederhole, was ich schon einmal im 11. Abschnitte erwähnte, daß die Prüfung auf Geradlinigkeit der Bewegung der Marke immer nur in der Ruhelage der Prismen, also bei stillstehender Mikrometerschraube M_1 zu erfolgen hat.

Die Versuchsreihe, die in der obigen Tabelle niedergelegt ist, wurde im vorigen Jahre von einem Mechanikergehilfen der Meßabteilung ausgeführt, der ein vorzügliches stereoskopisches Sehvermögen besitzt und sich für die vorliegenden Messungen als besonders geeinget erwies. Dem Apparat fehlte damals noch mancherlei, was erst später hinzugekommen ist. So vor allem die beiden Wellenlängenskalen und die beiden Mattscheiben vor den Spalten T_1. Es ist daher nicht ausgeschlossen, daß bei einer Wiederholung dieser Versuchsreihe mit dem jetzigen vervollkommneten Apparat die einzelnen Werte sich ein wenig verschieben werden. Da es mir nur darauf ankommt, die Methode zu erläutern, so möge die Versuchsreihe vorläufig genügen.

Von dem für geringe Helligkeiten angegebenen Verfahren wurde in ausgiebiger Weise Gebrauch gemacht. Es sind im ganzen nur 13 Punkte der Helligkeitskurve, die bestimmt wurden, und es wäre mit Rücksicht auf die im nächsten Abschnitt erläuterte Reduktion der Helligkeitskurve wohl am Platze gewesen, in der Nähe des Helligkeitsmaximums noch einige weitere Punkte zu messen. Immerhin war es möglich, wie aus Abb. 30 ersichtlich ist, durch diese 13 Punkte eine Kurve zu ziehen, die einen durchaus regelmäßigen Verlauf nimmt.

27. Reduktion der gemessenen Helligkeitskurve auf das Normalspektrum.

Die im vorigen Abschnitt ermittelte Helligkeitskurve für das Licht der Petroleumlampe hat hinsichtlich ihrer Form und der Lage des Maximums nur Berechtigung für unseren mit den beiden Glasprismen ausgerüsteten Spektralapparat. Ein anderer Apparat mit anderen Prismen würde einen etwas anderen Verlauf der Kurve und eine etwas andere Lage des Maximums ergeben haben. Einen für alle Apparate übereinstimmenden Verlauf, der dann nur noch von der Strahlungsenergie der Lichtquelle und von der Empfindlichkeit des menschlichen Auges abhängig ist, erzielt man nur mit dem vom Gitterspektroskop gelieferten Normalspektrum.

Wir müssen also die von uns gefundene Kurve auf das Normalspektrum reduzieren. Um das zu tun, müssen wir wissen, wie groß in den einzelnen Spektralbezirken der einem bestimmten Wellenlängenintervall zugehörige Winkelwert der Mikrometerschraube M_1 ist. Diesen Winkelwert ΔU können wir unserer weiter oben (Abschnitt 22) ermittelten Wellenlängenkurve entnehmen. Diese Kurve hatte als Abszissen die Wellenlängen der einzelnen Spektrallinien und als Ordinaten die diesen Wellenlängen zugehörigen Winkelwerte, diese gemessen durch die Angaben der mit einem Umdrehungszähler und einer hundertteiligen Trommel versehenen Mikrometerschraube M_1. Aus dieser in großem Maßstab angelegten Kurve entnehmen wir dann die einem bestimmten Wellenlängenintervall, z. B. $\Delta\lambda = 10\ \mu\mu$ zugehörigen Winkeldifferenzen $\Delta U_{10\ \mu\mu}$. Wir tragen jetzt als Abszissen die Wellenlängen und als Ordinaten die Werte $\Delta U_{10\ \mu\mu}$ auf, gleichen die Kurve graphisch aus und sind in der Lage, aus ihr für jeden Wert von λ den zugehörigen Wert $\Delta U_{10\ \mu\mu}$ abzulesen. Wie leicht zu sehen, nehmen diese Werte nach dem blauen Ende infolge der starken Dehnung dieser Teile im prismatischen Spektrum immer mehr zu. Ich sehe ganz davon ab, Zahlenwerte anzugeben; ihr Verlauf ist aus der in Abb. 30 wiedergegebenen Kurve für ΔU zu ersehen.

Da die in Trommelteilen der Mikrometerschraube gemessene Spaltbreite von T_2 für alle Teile des Spektrums gleich groß ist, so haben

wir zum Zwecke der Reduktion die aus der Helligkeitskurve entnommene
Ordinate einfach mit dem der gleichen Wellenlänge zugehörigen Wert
von $\Delta U_{10\,\mu\mu}$ zu multiplizieren. Wir versehen das Produkt dann noch
mit einem Faktor, der von der Wahl des Wellenlängenintervalls $\Delta\lambda$
und von den besonderen Eigenschaften des zur Erzeugung des Normal-
spektrums dienenden Gitterspektroskops abhängt, im übrigen aber
willkürlich gewählt werden kann, da von seiner Wahl die Lage des
Helligkeitsmaximums im Normalspektrum nicht weiter berührt wird.
Wir geben dieser Konstanten den Wert 7,1 und erzielen damit für die
neue Kurve die gleiche Höhe des Maximalwertes wie für die bisherige.
Wie man sieht, sind durch diese Reduktion die Ordinaten im roten
Teile des Spektrums kleiner, im blauen Teile des Spektrums größer
geworden. Es hat eine Verschiebung des Helligkeitsmaximums nach
dem blauen Ende des Spektrums stattgefunden, die ungefähr 20 $\mu\mu$
beträgt.

28. Ermittlung der Empfindlichkeitskurve des Auges.

Von der von der Flamme ausgesandten Energie — diese gemessen
durch das Bolometer, wie bei allen Lichtquellen, die durch Erwärmen
zum Leuchten gebracht werden — sieht das Auge nur diejenigen
Spektralteile, für die das Auge die erforderliche Empfindlichkeit besitzt, geradeso wie die photographische Platte nur auf diejenigen
Strahlen des Spektrums reagiert, für die sie besonders empfindlich
oder empfindlich gemacht ist. Daher sollte man die von uns ermittelte
Helligkeitskurve besser vielleicht als Sichtbarkeitskurve bezeichnen,
denn in dem Worte Helligkeit ist man allzuleicht geneigt, eine der
Lichtquelle allein eigentümliche Eigenschaft zu erblicken, während
es in Wirklichkeit das ausdrückt, was unter dem Zusammenwirken
der Strahlungsenergie der Lichtquelle und der Empfindlichkeit des
Auges für die verschiedenen Teile des Spektrums vom Auge gesehen
wird. Da die Sichtbarkeit des Spektralbezirkes mit der Empfindlichkeit des Auges und mit der Strahlungsenergie für diesen Bezirk
zunimmt, so können wir setzen:

$$\text{Sichtbarkeit} = \text{Energie} \times \text{Empfindlichkeit} \times \text{einer Kon-}$$
$$\text{stanten,}$$

von der wir die zurzeit noch unbewiesene Voraussetzung machen,
daß sie für alle Spektralbezirke dieselbe ist, und wir sind in der Lage,
aus der bolometrisch gemessenen Energiekurve und unserer photo-
metrisch gemessenen Sichtbarkeitskurve die Empfindlichkeitskurve
des bei der photometrischen Messung benutzten Auges abzuleiten.

Einer meiner jüngeren Kollegen im Zeißwerk, Herr Dr. Sonnefeld,
hat sich auf meine Bitte in entgegenkommender Weise der Mühe unter-
zogen, mit einem von ihm konstruierten neuen Strahlungsmesser, bei

dem das Spektrum durch ein Steinsalzprisma erzeugt wird, die Strahlungsenergien .unserer Petroleumlampe für eine Anzahl von Wellenlängen zu ermitteln. Die Resultate sind in der nachstehenden Tabelle II

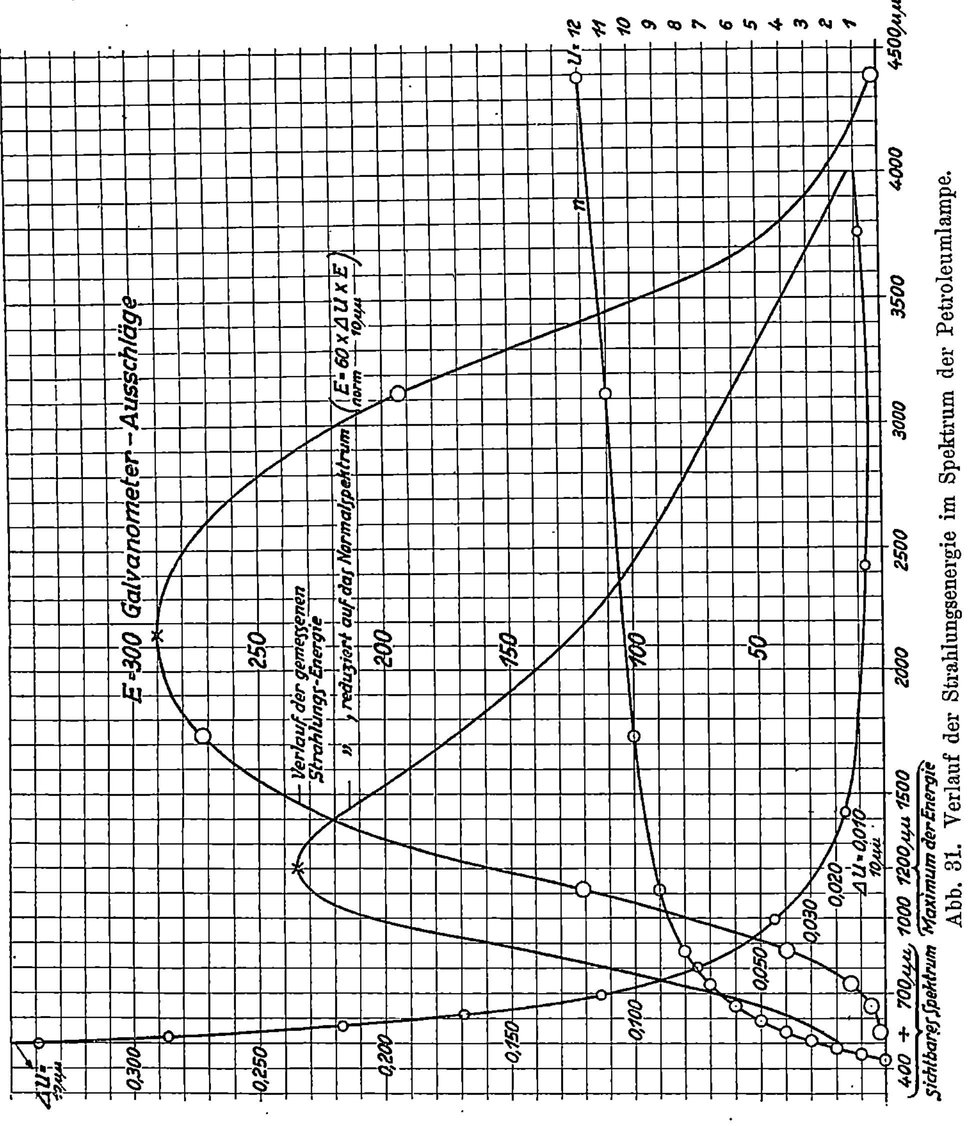

Abb. 31. Verlauf der Strahlungsenergie im Spektrum der Petroleumlampe.

verzeichnet. Auf die Messung der Energiekurve außerhalb des sichtbaren Spektrums hatte ich kein Gewicht gelegt, deshalb sind über das Rot hinaus nur wenige Messungen gemacht worden. Sie genügen aber,

um wenigstens im großen und ganzen den Verlauf der Energiekurve
(siehe Abb. 31) auch in diesem Teile des Spektrums erkennen zu lassen.
Spätere Messungen haben eine nur wenig abweichende Lage des Energie-
maximums ergeben.

Die Tabelle enthält ferner in der vierten Kolumne das Wellenlängenintervall für jedesmal eine Umdrehung (U) der Meßschraube,
in der fünften den hieraus berechneten Wert ΔU für das Wellenlängenintervall von 10 $\mu\mu$ und endlich in der letzten Kolumne die den Werten
ΔU zukommenden mittleren Wellenlängen.

Aus den in großem Maßstab gezeichneten und ausgeglichenen
Kurven für E und $\Delta U_{10\ \mu\mu}$ (Abb. 31) wurden dann für eine Reihe von

Tabelle II.

U	$\mu\mu$	Beobachtete Galvanometer- ausschläge E	$\Delta\mu\mu$ für 1 U	ΔU für 10 $\mu\mu$	$\mu\mu$
0	436	0,1*	20	0,500	446
1	456	0,2*	29,5	0,408	468,2
2	480,5	0,5	24,5	0,339	495,2
3	510	1,0	35	0,286	527,5
4	545	2,0	46	0,217	568
5	591	2,5*	59	0,169	620,5
6	650	5,5	88	0,114	694
7	738	14,0	133	0,075	804,5
8	871	39,5	246	0,044	994
9	1117	121,0	615	0,016	1424,5
10	1732	273,0	1394	0,007	2429
11	3126	193,0	1266	0,008	3759
12	4392	2,0			

Wellenlängen die zusammengehörigen Werte entnommen, miteinander
multipliziert und das Produkt zur Herstellung der auf das Normalspektrum reduzierten Energiekurve unserer Petroleumflamme ver-
wertet. Ich verzichte darauf, die Tabellen selbst hier mitzuteilen, das
Ergebnis der Reduktion ist zur Genüge aus Abb. 31 zu ersehen. Der
den Produkten hinzugefügte Zahlenfaktor 60 ist beliebig gewählt
worden.

In erheblich größerem Maßstabe wurden dann dieselben Zeichnungen
noch einmal für das sichtbare Spektrum ausgeführt. Es wurden wiederum die Werte für E und $\Delta U_{10\ \mu\mu}$, die gleichen Wellenlängen entsprechen, den Kurven entnommen und ihre Produkte zur Konstruktion
auch dieses Teiles der normalen Energiekurve E_n benutzt. Das Ergebnis
ist aus Abb. 32 zu ersehen. Der Zahlenfaktor 20 wurde beliebig gewählt

So kennen wir also jetzt die normale Energiekurve innerhalb des sichtbaren Spektrums und die normale Sichtbarkeitskurve. Die Quotienten der den gleichen Wellenlängen entsprechenden Werte dieser beiden Kurven liefern uns dann die sogenannte Empfindlichkeitskurve des Auges. Um die Maximalwerte der beiden Kurven Sichtbarkeit und Empfindung auf die gleiche Höhe zu bringen,

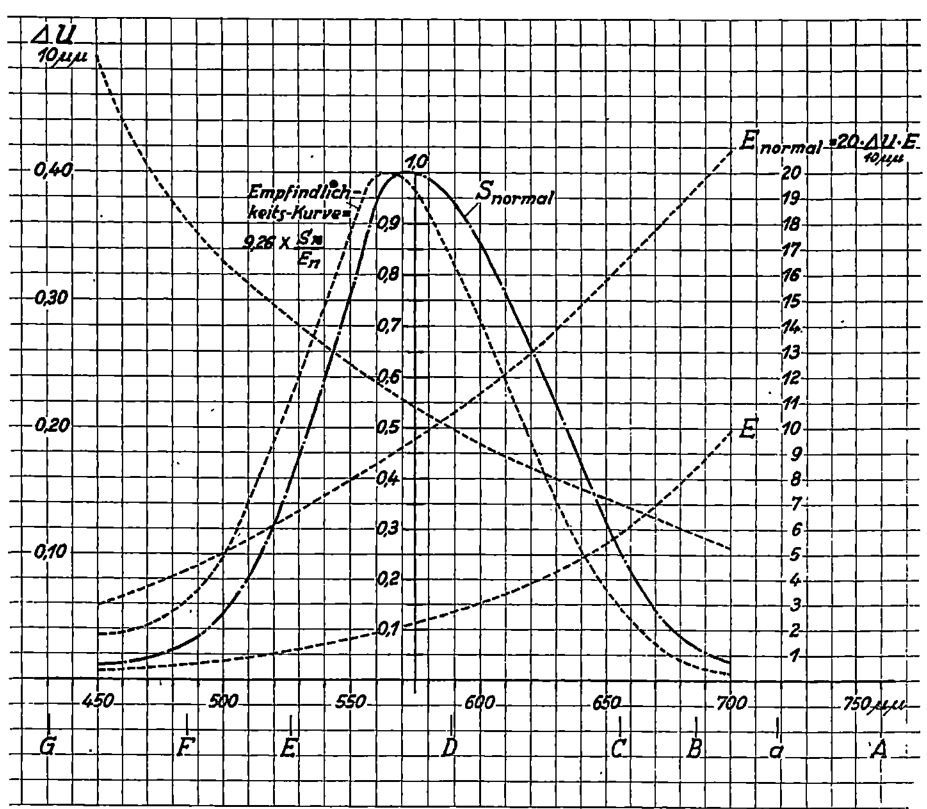

Abb. 32. Die aus der Sichtbarkeitskurve (normal) und der Energiekurve (normal) abgeleitete Empfindlichkeitskurve des Auges.

wurde der Quotient noch mit dem Zahlenfaktor 9,26 versehen. Ich unterlasse es auch hier, die Tabellen selbst wiederzugeben, die nach den Rechnungen gezeichnete Kurve in Abb. 32 möge genügen. Wir sehen, das Maximum der Empfindung liegt weiter nach dem blauen Ende des Spektrums zu bei ungefähr 560 bis 565 μμ, ein Wert, der sehr nahe mit dem auf anderem Wege für das Empfindlichkeitsmaximum gefundenen Werte übereinstimmt.

29. Helligkeitsmessungen im diskontinuierlichen Spektrum.

Hier ist das von uns für Helligkeitsmessungen an einem kontinuierlichen Spektrum benutzte Verfahren selbstverständlich nicht zu
gebrauchen. Wir müssen uns nach einem anderen Verfahren um-
sehen.

Dieses Verfahren besteht darin, daß wir den linken Apparat auf die
hinsichtlich ihrer Helligkeit als Einheit zu wählende hellste Spektrallinie, z. B. auf die grüne Linie der Quecksilberbogenlampe, den rechten
Apparat auf die mit ihr zu vergleichende schwächere Linie desselben
Spektrums einstellen und dann den Spalt T_1 links so weit verschmälern,
bis die anfangs kreisende Bewegung der Marke links herum in eine
geradlinige übergeht. Der Messung muß natürlich auch hier die Nulleinstellung des Apparates vorangehen. Sie ist in der Weise vorzunehmen,
daß bei Einstellung beider Apparate auf die gleiche Spektrallinie und
bei Einstellung beider Spalte T_1 auf die gleiche Spaltbreite die Lage
der beiden vor den Spalten T_1 befindlichen Mattscheiben so zueinander
reguliert wird, daß die Bewegung der Marke als eine geradlinige erscheint.

Um sicher zu sein, daß die Spektrallinie auch voll von dem Durch-
laßspalt T_2 aufgenommen wird, legt man das Doppelfernrohr durch
Drehen um eine am unteren Ende des Trägers angebrachte Vertikalachse (siehe Abb. 28) zur Seite und betrachtet das in T_2 erscheinende
Spaltbild mit der hierfür vorgesehenen Vorschlaglupe.

Die Einstellung des Spaltes T_1 links auf Geradlinigkeit der Bewegung
des Raumbildes muß vom Beobachter selbst vorgenommen werden.
Die hierzu dienende Handhabe mit Schnurlaufübertragung — siehe
Abb. 28 — ist so gelegt, daß sie bequem mit der auf dem Tisch ruhenden
linken Hand des Beobachters erreicht werden kann. Die Ablesung
der eingestellten Spaltbreite hat durch einen Gehilfen zu erfolgen.
Selbstverständlich besteht auch hier der Wunsch, die mit dem Spalt. T_1
vorgenommene Messung durch Vertauschen der beiden Spektrallinien
und durch Verschmälern des Spaltes T_1 rechts zu wiederholen. Man
kann das machen, wenn man die Mikrometerschraube des Spaltes T_1
rechts ebenfalls mit einer Handhabe und Schnurlaufübertragung versieht, wie sie für T_1 links vorgesehen ist. Ich habe aber bei dem vorliegenden Apparat darauf verzichtet, das zu tun, da man sich auch in
anderer Weise helfen kann, und zwar in der Weise, daß man den auf
die alsdann hellere Spektrallinie eingestellten Spalt T_1 rechts so einengt, daß die Helligkeit rechts geringer ist als die links. Der Hellig-
keitsausgleich hat dann wiederum durch Einengung des linken Spaltes
T_1 zu erfolgen. Das Verhältnis der beiden Spaltbreiten liefert dann
das Verhältnis der beiden Helligkeiten.

Ist der Helligkeitsunterschied der einzelnen Spektrallinien sehr groß, wie z. B. bei den vier Spektrallinien der Quecksilberbogenlampe, so kann hier wie oben bei der Ausmessung des kontinuierlichen Spektrums die Messung sehr lichtschwacher Spektrallinien auch in der Weise erfolgen, daß man nicht die hellste, sondern eine schwächere bereits gemessene Linie zum Vergleich heranzieht.

Die auf diese Weise durch Herrn Angelroth gemessenen Helligkeitswerte der vier Spektrallinien des Quecksilberlichtes sind in der nachstehenden Tabelle III angegeben.

Tabelle III.

Sichtbarkeit der Linien des Quecksilber-Spektrums gemessen mit dem Stereo-Spektral-Photometer.			
436	491	546	$\frac{577}{579}\,\mu\mu$
4 :	0,5 :	200 :	69
14		:	200
200 :	31		

Noch auf einen Punkt möchte ich hier aufmerksam machen. Beim kontinuierlichen Spektrum mußten wir, wie oben gezeigt wurde, die Reduktion der gemessenen Helligkeitskurve auf das Normalspektrum vornehmen. Das haben wir hier nicht nötig, denn die für unser diskontinuierliches Spektrum ermittelten Verhältniszahlen der Helligkeiten der einzelnen Spektrallinien sind von der Wahl der dispergierenden Prismen unabhängig. Sie würden, den Verlust durch Absorption und Reflexion in den verschiedenen Apparaten als gleich vorausgesetzt, auch die gleichen bleiben, wenn wir unseren Apparat unter Benutzung von zwei Gitterspektroskopen aufgebaut hätten.

Zum Schluß endlich teile ich nachstehend noch das Ergebnis einer Messungsreihe mit, die Herr stud. Huß vom Physikalischen Institut der Universität Jena gleich zu Beginn einer größeren mit dem Stereospektralphotometer in Angriff genommenen Untersuchung auf meine Bitte und nach erfolgter Anleitung ausgeführt hat. Sie betrifft den Helligkeitsvergleich der Flamme des beim Refraktometer vielfach benutzten Löweschen Natriumbrenners (Bimssteinplättchen, getränkt mit einer Schmelzung von salpetersaurem Natrium) mit dem Spektrallicht einer durch den Induktionsstrom zum Leuchten gebrachten Heliumröhre.

Unmittelbar vor dem Spalt T_1 rechts befindet sich die Natriumflamme, unmittelbar vor dem Spalt T_1 links die dem Spalt parallel
gestellte Kapillare der Heliumröhre. Die vorherige Einstellung des
Spaltes T_1 rechts geschieht immer so, daß nach erfolgter Einstellung
auf Geradlinigkeit der Bewegung des Raumbildes mit Hilfe der Mikrometerschraube für den Spalt T_1 links dieser von der Breite der leuchtenden Kapillare voll ausgefüllt war. Es wurde erhalten:

Wellenlänge ($\mu\mu$) . . . He 501   He 588   Na 589   He 668
Helligkeitsverhältnis . .   1   :   12   :   1   :   0,5

Allzuhoch darf die Genauigkeit dieser Verhältniszahlen nicht bewertet
werden, da die Einstellung auf Geradlinigkeit der Bewegung des Raumbildes durch das beständige Flackern der Natriumflamme beeinträchtigt
wird und auch von der Tiefe der strahlenden Flamme abhängt.

Auch noch eine andere Erscheinung macht sich hier bemerkbar.
Denn infolge des intermittierenden Lichtes der Heliumröhre ist die
Bahn der im Raume sich drehenden Marke keine geschlossene mehr.
An ihre Stelle tritt eine Reihe von leuchtenden Einzelmarken, deren
Abstand voneinander von der Geschwindigkeit der Markenbewegung
und von der Zahl der Unterbrechungen des Induktionsstromes abhängt.
Die Versuche haben allerdings ergeben, daß dieser Umstand das Er-
fassen der geradlinigen Anordnung der einzelnen Markenbilder kaum
beeinträchtigt.

Die gefundenen Verhältniszahlen für die drei Linien des Helium-
spektrums hätten natürlich auch in der Weise bestimmt werden können,
daß man vor den Spalt T_1 rechts an Stelle der Natriumflamme eine
zweite Heliumröhre setzt. Nur muß man dann, und das gilt in gleicher
Weise auch für den Vergleich der Spektrallinien verschiedenartiger
Geißlerscher Röhren, darauf achten, daß nur ein Induktionsapparat
benutzt wird und die Röhren in gleicher Weise neben oder dicht hintereinander in die Leitung eingeschaltet werden, weil jede Zeitdifferenz
der beiderseitigen Unterbrechungen den Weg des Raumbildes der
kreisenden Marke ebenfalls beeinflußt. Es lohnt sich vielleicht, diesen
Dingen auch unter Verwendung des in Abschnitt 5 beschriebenen
Verfahrens und bei Beleuchtung der beiden auf dem Stereokomparator
liegenden Gitter durch Geißlersche Röhren etwas genauer nach-
zugehen, wobei es natürlich schwer sein wird, den Einfluß einer nicht
gleichzeitigen Unterbrechung von dem einer ungleichen Helligkeit
zu trennen.

Schlußbemerkungen.

Mit den vorstehend beschriebenen Messungen ist nur erst der Anfang in der Verwertung der neuen Methode und der ihr dienenden Apparate gemacht worden. Es wird noch sehr viel zu tun geben, ehe das ganze Arbeitsgebiet erschlossen vor uns liegt. Ich muß leider auf eine Fortsetzung dieser Messungen verzichten, weil ich mich von jetzt an, nachdem das Stereospektralphotometer so weit durchgearbeitet ist, daß die Messungen mit ihm auch ohne meine Mitarbeit weiter fortgesetzt werden können, doch nur als einäugiger Zuschauer an diesen Messungen beteiligen kann. Auch glaube ich, daß die Messungen selbst nur dadurch gewinnen werden, daß der Beobachter, der sie ausführt, selbst die Resultate seiner Messungen mitteilt und dafür auch die Verantwortung übernimmt. Daher ist das vorbeschriebene Versuchsinstrument des Stereospektralphotometers dem physikalischen Institut der Universität Jena überlassen worden, welches dann später über den Fortgang der Untersuchungen weiter berichten wird.

Auf eine bei der Neukonstruktion des Stereospektralphotometers zu berücksichtigende Neueinrichtung des Apparates möchte ich allerdings noch kurz hinweisen. Sie besteht darin daß man die beiden dispergierenden Prismen des einen oder des anderen Apparates zum Auswechseln gegen dispersionslose Reflexionsprismen einrichtet. Diese Prismen lassen sich so gestalten, daß die Verluste, die die Lichtstrahlen durch Reflexion an den Außenflächen und durch Absorption im Glasinnern erleiden, für beide Arten von Prismen angenähert gleichgroß sind. Mit einem solchen Apparat können wir dann nach Belieben einmal wie bisher arbeiten, dann aber auch so, daß wir dem einen Auge jeden beliebigen Spektralbezirk oder jede Spektrallinie einer Lichtquelle, dem anderen Auge aber das spektralunzerlegte Licht derselben oder einer anderen Lichtquelle zuführen, so daß damit die Aufgabe in Angriff genommen werden kann, die Helligkeiten der einzelnen Teile des Spektrums als Bruchteile der gesamten Helligkeit dieser oder einer anderen Lichtquelle zu bestimmen. Es ist sicher, daß eine derartige systematische Untersuchung sowohl in physikalischer als auch in physiologischer Hinsicht noch manche interessante Tatsache zutage fördern wird.

Auch wird man der Beantwortung der Frage näher treten können, wie sich die übrigen oben erwähnten Methoden der heterochromen Lichtmessung (Methode der Pupillenreaktion, der Sehschärfenmethode und der Flimmermethode) in ihren Resultaten verhalten, wenn man die Untersuchung nach diesen Methoden ausdehnt auf Spektralbezirke, die zu beiden Seiten des Helligkeitsmaximums liegen, aber nach unserem Verfahren als gleichhell anzusehen sind.

Ein Arbeitsgebiet, auf dem ebenfalls noch sehr viel zu tun sein wird, und das für viele Fragen der physiologischen Optik von Bedeutung ist, betrifft die stereospektralphotometrische Untersuchung von Personen, die mit partieller oder totaler Farbenblindheit behaftet sind. Nach den Messungen, die auf meine Bitte zwei Grün-Rot-Verwechsler, die Herren Dr. Sonnefeld (Jena) und Dr. v. Gruber (München), gelegentlich mit dem Stereospektralphotometer unter Verwendung unserer Petroleumlampe als Lichtquelle gemacht haben, sind die Abweichungen von unserer obigen Sichtbarkeitskurve nicht von einer solchen ausschlaggebenden Bedeutung, als daß sich darüber jetzt schon etwas Bestimmtes sagen ließe. So viel aber läßt sich sowohl auf Grund dieser und der obigen Versuche an farbentüchtigen Personen behaupten, daß die Farbenempfindung anscheinend mit der Helligkeitsempfindung nichts zu tun hat.

Das Hauptinteresse wird sich auf die Beantwortung der Frage richten, wie sich die durch unsere Versuche festgestellte Unempffindlichkeit der „kreisenden Marke" gegen Farbenunterschiede und gegen Unterschiede in der Farbenempfindung wohl erklären läßt. Ich habe mir darüber folgende Gedanken gemacht. Wir wissen, daß mit der Abnahme der Helligkeit eines Spektrums die Unterschiede der Farben und die Farben selbst verschwinden, so daß an die Stelle des farbigen Spektrums ein farbloses weißliches Band tritt, das ungefähr im Gelbgrün das Maximum der Helligkeit besitzt. Auch weiß man, daß dieses sog. Dämmerungsspektrum nur im dunkel adaptierten Auge, wie man annimmt vermöge der alsdann in Aktion tretenden farbenuntüchtigen Stäbchen der Netzhaut, zu sehen ist. Die naheliegende Erklärung, daß auch in unserem Falle die Stäbchen und nur die Stäbchen an der Erscheinung beteiligt sind, kann aber schon allein deshalb nicht als richtig angesehen werden, weil in der von den farbentüchtigen Zapfen ausgefüllten Fovea, in der die Spitzen der bewegten Marken in der Hauptsache zur Abbildung gelangen, die Stäbchen gänzlich fehlen. Demnach müßten wir annehmen, daß den Zapfen eine doppelte Funktion zukommt derart, daß sie in der Weise reagieren, daß die erste über die Empfindungsschwelle tretende Helligkeitsempfindung keinerlei Farbenempfindung aufweist. An der scheinbaren Lage des Raumbildes, für die der zuerst sich geltend machende sinnliche

Eindruck entscheidend ist, würde dann die später einsetzende Farbenempfindung ebensowenig wie das ebenfalls hinter der bewegten Marke
herlaufende Nachbild etwas ändern können.

Ich erhebe keinen Anspruch darauf, mit diesem Versuch einer
Erklärung das Richtige getroffen zu haben. Bei dem komplizierten
Charakter des Problems und bei der Aussichtslosigkeit, für die Empfindung der Farbe und die der Helligkeit ein einheitliches Maß zu gewinnen,
ist diese Frage jedenfalls nicht leicht zu beantworten, um so mehr,
weil alle diese Dinge letzten Endes doch auf Vorgänge hinauslaufen,
die sich im Gehirn des Beobachters abwickeln.

Wir werden also zunächst abzuwarten haben, wie sich die Anhänger
der Heringschen und die der Helmholtzschen Farbentheorie
zu den in diesem Aufsatz beschriebenen Erscheinungen und Tatsachen
stellen werden. Beide Theorien haben sowohl unter den Physiologen
als auch unter den Physikern ihre Anhänger. Keine ist zur allgemeinen
Anerkennung gelangt.

Mit Rücksicht auf diese Streitfrage ist es vielleicht von Interesse,
noch auf folgendes hinzuweisen. Ich hatte bereits oben bei Gelegenheit
der Besprechung der bisherigen Schwierigkeiten der heterochromen
Photometrie auf den Gegensatz der Empfindung der Farben Rot und
Gelb einerseits und der Empfindung der Farben Grün und Blau anderer-
seits aufmerksam gemacht. Diesem Gegensatz in den Empfindungen
trägt die allein auf der phänomenologischen Basis aufgebaute Theorie
der Gegenfarben von E. Hering dadurch Rechnung, daß sie den
genannten Farben eine „spezifisch aufhellende oder verdunkelnde"
Wirkung zuschreibt, während die Young-Helmholtzsche Drei-
farben- oder Dreifasertheorie sich ausschließlich auf den Inten-
sitätsbegriff gründet. Gegen die Heringsche Theorie der Gegenfarben
hat in letzter Zeit der Wiener Physiker Franz Exner in einer Reihe
von Aufsätzen („Einige Versuche und Bemerkungen zur Farbenlehre",
Wiener Ber. Bd. 127, S. 1829, 1918, „Zur Kenntnis des Purkinjeschen
Phänomens", ebenda Bd. 128, S. 71, 1918, und „Zur Frage nach der
spezifischen Helligkeit der Farben", Z. f. Sinnesphysiologie Bd. 52,
S. 157, 1921) beachtenswerte Versuche und Gründe vorgebracht, aus
denen er den Schluß zieht, daß für die Heringsche Annahme einer
spezifisch aufhellenden oder verdunkelnden Wirkung der Farben
„derzeit kein objektiver Grund" vorliegt, eine Schlußfolgerung,
die, wie mir scheint, durch unsere Versuche mit dem Stereospektralphotometer eine nicht unwesentliche Unterstützung erfährt. Ich denke
hierbei in erster Linie an die Tatsache, daß das Helligkeitsverhältnis
z. B. von Spektralrot und Spektralblau, also nach Hering einer
spezifisch aufhellenden und einer verdunkelnden Farbe, je nach der
Wahl oder der Temperatur der Lichtquelle größer als eins, gleich

eins und kleiner als eins sein kann, wobei also nicht die
Farbe (Wellenlänge), sondern einzig und allein der Helligkeitsunterschied der beiden Farben für das Kreisen der Marke verantwortlich
gemacht werden muß.

Selbstverständlich ist damit der Streit um die Existenzberechtigung
der einen oder der anderen Theorie nicht entschieden, aber eine neue
Grundlage für eine weitere Erörterung dieser Fragen ist gegeben und
Tatsachen liegen vor, an denen eine Farbentheorie, wie sie auch sonst
theoretisch begründet sein mag, nicht achtlos vorübergehen kann.

Die Naturwissenschaften. Wochenschrift für die Fortschritte der reinen und der angewandten Naturwissenschaft. Herausgegeben von **Arnold Berliner.** Unter besonderer Mitwirkung von H. Braus in Würzburg. Jährlich 52 Nummern.

„Die Naturwissenschaften" berichten über die Fortschritte der reinen und der angewandten Naturwissenschaften, und zwar nur durch zuständige, auf dem jeweiligen Gebiete selber schöpferische Mitarbeiter. Die Verfasser wenden sich durch die Form ihrer Darstellung nicht, wie z. B. die Mitarbeiter der Zentralblätter, in erster Linie an die eigenen Fachgenossen, sondern vor allem an die auf den Nachbargebieten Tätigen, um ihnen den Überblick über den Zusammenhang ihres eigenen Faches mit den angrenzenden Fächern zu vermitteln. Die dauernd fortschreitende Teilung der wissenschaftlichen Arbeit hat den Begriff des Grenzgebietes völlig verändert. Sie hat das Arbeitsfeld des einzelnen so eingeengt und die Grenzgebiete so vermehrt, daß für jeden die Notwendigkeit vorliegt, ihre Entwicklung zu verfolgen. — Von den Fortschritten der Mathematik bespricht die Zeitschrift die der angewandten, sofern sie, auf die Naturwissenschaften angewandt, Fortschritte in der mathematischen Behandlung der Naturwissenschaften bedeuten. Die Philosophie behandelt sie, soweit sie eine Anwendung naturwissenschaftlicher Entdeckungen oder soweit sie eine Verschärfung oder eine Erweiterung naturwissenschaftlicher Grundbegriffe darstellt.

Naturwissenschaftliche Monographien und Lehrbücher. Herausgegeben von der Schriftleitung der „Naturwissenschaften".

1. Band: **Allgemeine Erkenntnislehre.** Von Moritz Schlick. Zweite Auflage. In Vorbereitung.

2. Band: **Die binokularen Instrumente.** Nach Quellen und bis zum Ausgang von 1910 bearbeitet. Von Dr. phil. **Moritz von Rohr,** wissenschaftlichem Mitarbeiter der optischen Werkstätte von Carl Zeiß in Jena, und a. o. Professor an der Universität Jena. Zweite, vermehrte und verbesserte Auflage. Mit 136 Textabbildungen. 1920. GZ. 8; gebunden GZ. 11. Vorzugspreis für die Bezieher der „Naturwissenschaften" GZ. 7,2; gebunden GZ. 9,9.

3. Band: **Die Relativitätstheorie Einsteins** und ihre physikalischen Grundlagen. Elementar dargestellt. Von Max Born. Dritte, verbesserte Auflage. Mit 135 Textabbildungen. 1922. GZ. 7,2; gebunden GZ. 10. Vorzugspreis für die Bezieher der „Naturwissenschaften" GZ. 6,4; gebunden GZ. 9.

4. Band: **Einführung in die Geophysik.** Von Professor Dr. A. Prey-Prag, Professor Dr. C. Mainka-Göttingen, Professor Dr. E. Tams-Hamburg. Mit 82 Textabbildungen. 1922. GZ. 12; gebunden GZ. 13. Vorzugspreis für die Bezieher der „Naturwissenschaften" GZ. 10; gebunden GZ. 11.

5. Band: **Die Fernrohre und Entfernungsmesser.** Von Dr. Albert König, wissenschaftlicher Mitarbeiter des Zeißwerkes Jena. Mit 254 Textabbildungen. Erscheint Anfang 1923.

6. Band: **Kristalle und Röntgenstrahlen.** Von Dr. P. P. Ewald, Professor am Physikalischen Institut der Technischen Hochschule in Stuttgart. Mit 94 Textabbildungen. Erscheint im Frühjahr 1923.